光盘主要内容

本光盘为《入门与实战》丛书的配套多媒体教学光盘，光盘中的内容包括 18 小时与图书内容同步的视频教学录像和相关素材文件。光盘采用全程语音讲解和真实详细的操作演示方式，详细讲解了电脑以及各种应用软件的使用方法和技巧。此外，本光盘附赠大量学习资料，其中包括 3~5 套与本书内容相关的多媒体教学演示视频。

光盘操作方法

将 DVD 光盘放入 DVD 光驱，几秒钟后光盘将自动运行。如果光盘没有自动运行，可双击桌面上的【我的电脑】或【计算机】图标，在打开的窗口中双击 DVD 光驱所在盘符，或者右击该盘符，在弹出的快捷菜单中选择【自动播放】命令，即可启动光盘进入多媒体互动教学光盘主界面。

光盘运行后会自动播放一段片头动画，若您想直接进入主界面，可单击鼠标跳过片头动画。

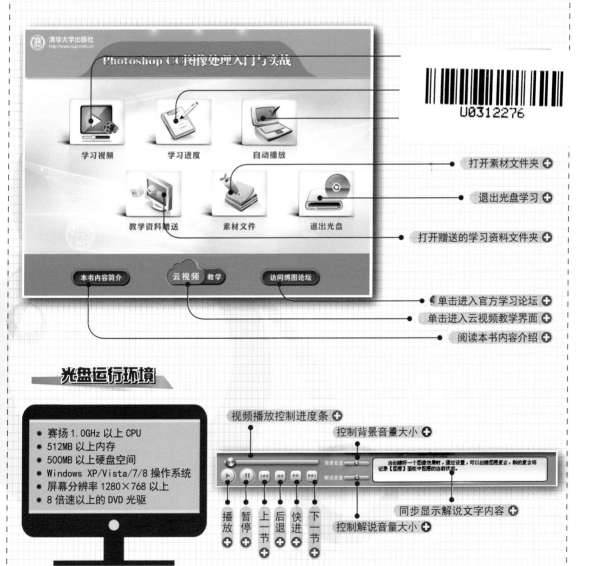

光盘运行环境

- 赛扬 1.0GHz 以上 CPU
- 512MB 以上内存
- 500MB 以上硬盘空间
- Windows XP/Vista/7/8 操作系统
- 屏幕分辨率 1280×768 以上
- 8 倍速以上的 DVD 光驱

光盘使用说明

普通视频教学模式

单击【学习视频】按钮

图1

① 单击章节名称

② 单击实例名称

图2

进入普通视频教学界面

控制视频教学播放

同步显示解说文字

图3

学习进度查看模式

单击【学习进度】按钮

图1

① 界面中显示每个实例的学习进度数值

② 单击需要继续学习的实例名称

图2

此时从上次结束部分继续学习

图3

自动播放演示模式

单击【自动播放】按钮

图1

进入自动播放视频教学界面，用户无须动手操作，系统将按顺序播放整张光盘

图2

赠送的教学资料

② 打开光盘中教学资料所在文件夹

① 单击【教学资料赠送】按钮

图1

① 双击需要学习的视频教学文件

② 显示视频教学播放界面

图2

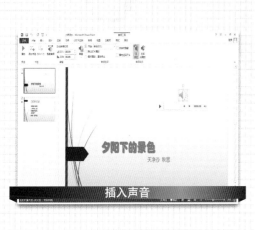

插入声音

插入视频

产品展示相册

打包幻灯片

电子相册

复制幻灯片

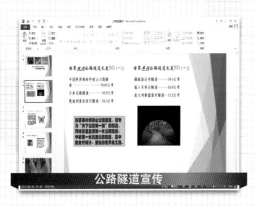

公路隧道宣传

制作日历

活动计划

咖啡拉花技巧幻灯片

浪漫母版

旅行社宣传演示文稿

排练计时

设置工作界面

设置渐变背景

设置视图

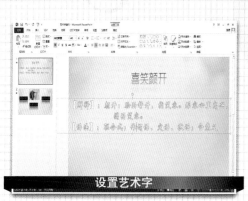

设置艺术字

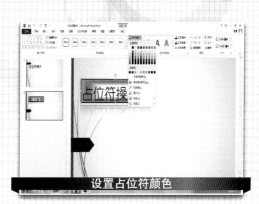

设置占位符颜色

使用模板创建演示文稿

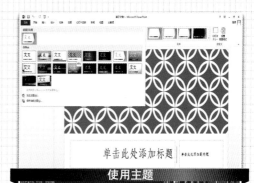

使用主题

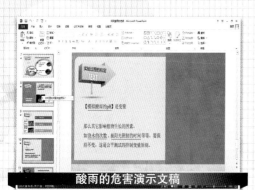

酸雨的危害演示文稿

添加SmartArt图形

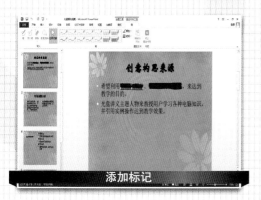

添加标记

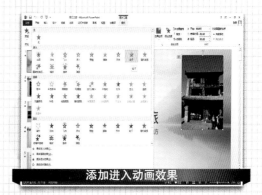

添加进入动画效果

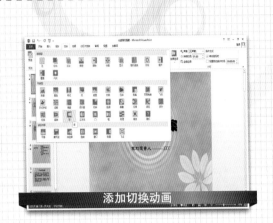

添加切换动画

厦门游演示文稿

销售业绩报表演示文稿

新建主题颜色

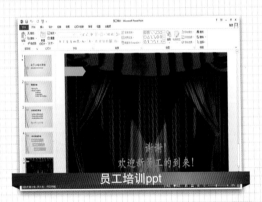

员工培训ppt

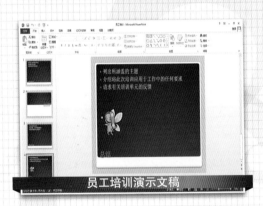

员工培训演示文稿

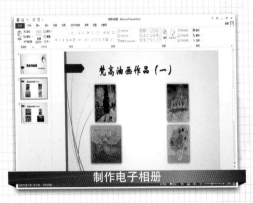

制作电子相册

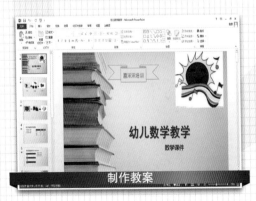

制作教案

超值畅销版

PowerPoint 2013幻灯片制作
入门与实战

崔洪斌 ◎编著

清华大学出版社

北京

<h2 style="text-align:center">内 容 简 介</h2>

本书是《入门与实战》系列丛书之一。全书以通俗易懂的语言、翔实生动的实例，全面介绍了PowerPoint 2013应用技巧的相关知识。本书共分11章，涵盖了PowerPoint 2013入门知识，PowerPoint 2013的基础操作，输入与编辑幻灯片文本，在幻灯片中创建与编辑表格，在幻灯片中插入与处理图形，使用幻灯片预设功能与母版，在幻灯片中插入多媒体，为幻灯片设置动画与切换，设计交互式演示文稿，放映与发布演示文稿以及综合实例展示等内容。

本书采用图文并茂的方式，使读者能够轻松上手。全书双栏紧排，全彩印刷，同时配以制作精良的多媒体互动教学光盘，方便读者扩展学习。附赠的DVD光盘中包含18小时与图书内容同步的视频教学录像和3~5套与本书内容相关的多媒体教学视频。此外，光盘中附赠的"云视频教学平台"能够让读者轻松访问上百GB容量的免费教学视频学习资源库。

本书面向电脑初学者，是广大电脑初中级用户、家庭电脑用户，以及不同年龄阶段电脑爱好者的首选参考书。

图书在版编目（CIP）数据

PowerPoint 2013 幻灯片制作入门与实战 / 崔洪斌　编著. —北京：清华大学出版社，2015
（入门与实战）
ISBN 978-7-302-39033-6

Ⅰ. ① P… Ⅱ. ①崔… Ⅲ. ①图形软件 Ⅳ. ① TP391.41

中国版本图书馆 CIP 数据核字 (2015) 第 017160 号

责任编辑：胡辰浩　袁建华
封面设计：牛艳敏
责任校对：成凤进
责任印制：宋　林

出版发行：清华大学出版社
　　　　　网　　　址：http://www.tup.com.cn，http://www.wqbook.com
　　　　　地　　　址：北京清华大学学研大厦 A 座　　邮　　编：100084
　　　　　社 总 机：010-62770175　　　　　　　　邮　　购：010-62786544
　　　　　投稿与读者服务：010-62776969，c-service@tup.tsinghua.edu.cn
　　　　　质 量 反 馈：010-62772015，zhiliang@tup.tsinghua.edu.cn
印 刷 者：三河市君旺印务有限公司
装 订 者：三河市新茂装订有限公司
经　　销：全国新华书店
开　　本：185mm×260mm　　　印　张：14.25　　　插页：4　　　字　数：365 千字
　　　　　（附光盘 1 张）
版　　次：2015 年 2 月第 1 版　　　印　次：2015 年 2 月第 1 次印刷
印　　数：1 ~ 3500
定　　价：48.00 元

产品编号：053224-01

丛书序

首先，感谢并恭喜您选择本系列丛书！《入门与实战》系列丛书挑选了目前人们最关心的方向，通过实用精炼的讲解、大量的实际应用案例、完整的多媒体互动视频演示、强大的网络售后教学服务，让读者从零开始、轻松上手、快速掌握，让所有人都能看得懂、学得会、用得好电脑知识，真正做到满足工作和生活的需要！

· 丛书、光盘和网络服务特色

双栏紧排，全彩印刷，图书内容量多实用

本丛书采用双栏紧排的格式，使图文排版紧凑实用，其中220多页的篇幅容纳了传统图书一倍以上的内容。从而在有限的篇幅内为读者奉献更多的电脑知识和实战案例，让读者的学习效率达到事半功倍的效果。

结构合理，内容精炼，案例技巧轻松掌握

本丛书紧密结合自学的特点，由浅入深地安排章节内容，让读者能够一学就会、即学即用。书中的范例通过添加大量的"知识点滴"和"实战技巧"的注释方式突出重要知识点，使读者轻松领悟每一个范例的精髓所在。

书盘结合，互动教学，操作起来十分方便

丛书附赠一张精心开发的多媒体教学光盘，其中包含了18小时左右与图书内容同步的视频教学录像。光盘采用全程语音讲解、真实详细的操作演示等方式，紧密结合书中的内容对各个知识点进行深入的讲解。光盘界面注重人性化设计，读者只需要单击相应的按钮，即可方便地进入相关程序或执行相关操作。

免费赠品，素材丰富，量大超值实用性强

附赠光盘采用大容量DVD格式，收录书中实例视频、源文件以及3～5套与本书内容相关的多媒体教学视频。此外，光盘中附赠的云视频教学平台能够让读者轻松访问上百GB容量的免费教学视频学习资源库，在让读者学到更多电脑知识的同时真正做到物超所值。

在线服务，贴心周到，方便老师定制教案

本丛书精心创建的技术交流QQ群(101617400、2463548)为读者提供24小时便捷的在线交流服务和免费教学资源；便捷的教材专用通道(QQ：22800898)为老师量身定制实用的教学课件。

· 读者对象和售后服务

本丛书是广大电脑初中级用户、家庭电脑用户和中老年电脑爱好者，或学习某一应用软件用户的首选参考书。

最后感谢您对本丛书的支持和信任，我们将再接再厉，继续为读者奉献更多更好的优秀图书，并祝愿您早日成为电脑高手！

如果您在阅读图书或使用电脑的过程中有疑惑或需要帮助，可以登录本丛书的信息支持网站(http://www.tupwk.com.cn/practical)或通过E-mail(wkservice@vip.163.com)联系，本丛书的作者或技术人员会提供相应的技术支持。

前言

电脑操作能力已经成为当今社会不同年龄层次的人群必须掌握的一门技能。为了使读者在短时间内轻松掌握电脑各方面应用的基本知识，并快速解决生活和工作中遇到的各种问题，我们组织了一批教学精英和业内专家特别为电脑学习用户量身定制了这套《入门与实战》系列丛书。

《PowerPoint 2013 幻灯片制作入门与实战》是这套丛书中的一本，该书从读者的学习兴趣和实际需求出发，合理安排知识结构，由浅入深、循序渐进，通过图文并茂的方式讲解使用 PowerPoint 2013 制作幻灯片的各种技巧。全书共分为 11 章，主要内容如下。

第 1 章：介绍了 PowerPoint 2013 的工作环境和特点等内容。

第 2 章：介绍了 PowerPoint 2013 的基础操作。

第 3 章：介绍了输入与编辑幻灯片文本的操作方法和技巧。

第 4 章：介绍了在幻灯片中创建与编辑表格的操作方法和技巧。

第 5 章：介绍了在幻灯片中插入与处理图形的操作方法和技巧。

第 6 章：介绍了使用幻灯片预设功能与母版的操作方法。

第 7 章：介绍了在幻灯片中插入多媒体的操作方法和技巧。

第 8 章：介绍了为幻灯片设置动画与切换的操作方法和技巧。

第 9 章：介绍了设计交互式演示文稿的操作方法和技巧。

第 10 章：介绍了放映与发布演示文稿的操作方法和技巧。

第 11 章：介绍了制作各种类型的综合实例的操作方法和技巧。

本书附赠一张精心开发的 DVD 多媒体教学光盘，其中包含了 18 小时左右与图书内容同步的视频教学录像。光盘采用全程语音讲解、情景式教学、互动练习、真实详细的操作演示等方式，紧密结合书中的内容对各个知识点进行深入的讲解。让读者在阅读本书的同时，享受到全新的交互式多媒体教学。

此外，本光盘附赠大量学习资料，其中包括 3～5 套与本书内容相关的多媒体教学视频和云视频教学平台。该平台能够让读者轻松访问上百 GB 容量的免费教学视频学习资源库。使读者在短时间内掌握最为实用的电脑知识，真正达到轻松进阶、无师自通的效果。

除封面署名的作者外，参加本书编写的人员还有陈笑、曹小震、高娟妮、李亮辉、洪妍、孔祥亮、陈跃华、杜思明、熊晓磊、曹汉鸣、陶晓云、王通、方峻、李小凤、曹晓松、蒋晓冬、邱培强等人。由于作者水平所限，本书难免有不足之处，欢迎广大读者批评指正。我们的邮箱是 huchenhao@263.net，电话是 010-62796045。

《入门与实战》丛书编委会

2014 年 12 月

目录 Contents

第1章 初识 PowerPoint 2013

第2章 PowerPoint 2013 的基础操作

第3章 输入与编辑幻灯片文本

第4章 在幻灯片中创建与编辑表格

第5章 在幻灯片中插入与处理图形

第6章 使用幻灯片预设功能与母版

第 7 章　在幻灯片中插入多媒体

第 8 章　为幻灯片设置动画与切换

第 9 章　设计交互式演示文稿

第 10 章　放映与发布演示文稿

第 11 章　PPT 综合实例应用

第1章

初识PowerPoint 2013

　　PowerPoint是一款用来制作演示文稿的软件，用于多媒体演示，可以在演示过程中插入声音、视频、动画等多媒体资料。随着办公化的普及，PowerPoint成为不可或缺的办公软件之一。

1.1 认识PowerPoint 2013

PowerPoint简称PPT，其字面意思是"使要点更有力量"，有着让重点突出的含义。PPT一般在做演示、演说、演讲、展示时使用，是帮助演讲者增强演示效果的工具。

1.1.1 PowerPoint的特点

在使用PowerPoint 2013制作演示文稿之前，首先需要了解PowerPoint 2013的一些知识和特点。PowerPoint和Word、Excel等应用软件一样，是Microsoft公司推出的Office系列软件之一。使用PowerPoint可以轻松地制作出丰富多彩并带有各种特殊效果的幻灯片。用户可以通过计算机屏幕、投影仪以及Web浏览器等多种途径放映这些幻灯片，也可以使用打印机将幻灯片打印出来，或直接将幻灯片存储为网页格式发布到网上。

PowerPoint具有如下特点。

❯ 简单易用：PowerPoint的各种工具使用相当简单，也可以说PowerPoint的操作相当简单。一般情况下，用户只需经过短时间的学习就可以制作出具有专业水平的多媒体演示文稿。

❯ 帮助系统：制作演示文稿时，用户可以通过PowerPoint帮助系统获得各种提示信息，从而帮助用户进行幻灯片的制作，并提高工作效率。

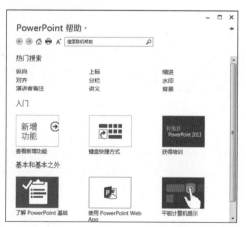

❯ 与他人协作：通过因特网协作和共享演示文稿使PowerPoint操作更简单，地理位置分散的用户在各自的办公室可以很好地与他人进行合作。

❯ 多媒体演示：使用PowerPoint操作的演示文稿可以应用于各种不同的场合。其演示内容可以是文字、图形、图像、声音及视频等多媒体信息。此外，PowerPoint还提供了许多控制自如的放映方式和变化多端的画面切换效果。演示文稿放映的同时还可以使用鼠标或笔迹对演示重点进行标示和强调。

❯ 支持多种格式的图形文件：Office剪辑库中有许多类型的剪贴画。通过自定义的方法，可以向剪辑库中增加新的图形。另外，PowerPoint还允许在幻灯片中添加JPEG、BMP、WMF和GIF等类型的文件。对不同类型的图形，可以设置其动态效果。

❯ 发布应用：用户可以将演示文稿保存为HTML格式的网页文件，然后将其发布到因特网上，从而实现网络资源共享。

❯ 输出方式的多样化：用户可以根据需要输出制作的演示文稿，包括供观众使用的讲义或供演讲者使用的备注文档。此外，用户还可以打印出幻灯片的大纲。

1.1.2 PowerPoint的应用领域

PowerPoint通常用来制作演示文稿(也叫幻灯片)，用于多媒体演示，可以在演示过程中插入声音、视频、动画等多媒体资料，从而把学术交流、辅助教学、广告宣传、产品演示等信息以更直观、更高效的方式表达出来，使内容更加生动、形象，更具有说服力。目前，PowerPoint主要有3方面用途。

1. 多媒体商业演示

最初开发PowerPoint软件的目的就是为各种商业活动提供一个内容丰富的多媒体产品或服务演示的平台，帮助销售人员向最终用户展示产品或服务的优越性。

PowerPoint用于决策/提案时，可以根据实际工作，或侧重于工作成绩，或详写失误和问题，并对产生问题的原因做出分析，避免大量文字段落的涌现，配合具有说服力的图片加深对汇报的印象，多采用SmartArt图示、图表来说明。

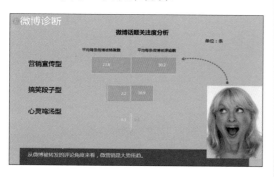

2. 多媒体交流演示

PowerPoint演示文稿是宣讲者的演讲辅助手段，以交流为目的，被广泛用于培训、研讨会、产品发布、教学课件和个人简历等领域。

由于大部分信息通过宣讲人演讲的方式传递，PowerPoint演示文稿中出现的内容信息不多，文字段落篇幅较小，常以标题形式出现，所以，制作演示文稿，尽量使用图片吸引观众眼球，一大段的文字反而会使观众产生疲劳感。

3. 多媒体娱乐演示

由于PowerPoint支持文本、图像、动画、音频和视频等多种媒体内容的集成，可以很好地拉近演示者和观众的距离，让观众更易于接受演示者所展现出的内容，因此，很多用户都使用PowerPoint来制作各种娱乐性质的演示文稿，如手工剪纸集、相册等，通过PowerPoint的丰富功能来展示多媒体娱乐内容。

1.1.3 明确媒体演示的场合

对于同样内容的PowerPoint演示文稿，在不同场合下，需要对内容进行调整以适应不同场合的需求。一般在大型场合下，必须考虑PowerPoint演示文稿中的内容是否能够完整呈现，在视觉传达上要尽量照顾到在场的绝大多数观众。而在小型场合下，如会议室、培训教室等，由于观众人数不多，对演示文稿的限制就相对少一些。

1. 大型场合

大型场合的观众人数为数十或数百，常见于大型报告厅、展厅等。

在大型场合中放映多媒体，首先要考虑的就是如何确定PowerPoint演示文稿的内容是否能够准确无误地传递给每一位观众。

一般情况下，基于大型场合演示的PowerPoint，在设计思路上应该充分考虑以下方面。

> 去除过于啰嗦的文字，尽可能以关键词或句代替段落。因为，大场合的观众人多，他们的注意力很难持续集中。

> 多使用图片代替文字，避免引起观众视觉的疲劳。图片的优势在于色彩的表现，能够吸引观众视线，一副精心挑选的图片胜过用文字去描述。

2. 小型场合

小型场合的观众人数通常在10人以内，常见于会议室、教室等。

在小型场合中，观众注意力比较集中，即使在有人宣讲的情况下，PowerPoint放映也会成为焦点，需要尽量避免观众阅读到PowerPoint演示文稿中的每一个细节。小型场合的设计思路体现在以下方面。

> 简洁、有效地传递信息。在小型场合中，观众的注意力主要集中在演示内容上，如果PowerPoint设计的表现形式过于花哨，会分散观众注意力。

> 尽可能选择图示化的表达方式。通过使用PowerPoint自带的图示(如箭头、指示、拓扑图等)来表达文本内容，能够将复杂的概念、流程、框架非常直观地表达出来，给观众一目了然的效果。

1.1.4 了解观众群体的需求

在了解了PowerPoint的应用领域，明确媒体演示的场合之后，还需要了解观众群体的需求。同样内容的演示文稿，在不同的观众群体面前，应该采取不同的设计思路和设计方案，这样才能有效地进行信息传递。

按照观众群体对演示文稿的内容关注程度，分为行业外群体、客户群体和公司内部群体。

1. 行业外群体

所谓的行业外群体，是指与PowerPoint演示文稿内容关系不大的观众群体(亦称大众群体)。行业外群体本身并不完全关注演示文稿的内容信息，再加上观众层次不一，很难完全了解他们的需求。而演示文稿发布者希望通过PowerPoint放映，引起观众对内容的关注。这时，就要求PowerPoint内容具有一定的吸引力，需要通过色彩、版式、所选图片及动画效果等直观的设计形式来吸引观众的目光。

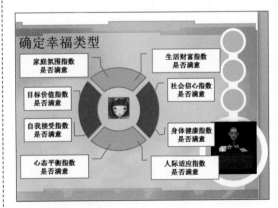

2. 客户群体

面对客户群体，PowerPoint演示文稿需要有很强的目的性，目的是要得到顾客群体的认可。在设计之前，需要尽可能地多了解客户群体的特征，如客户对颜色的喜好、对内容细节的接受程度等。

内容和形式同等重要，应避免过于复杂的设计。另外，演示过程也是对企业自身的推广过程。通过对版式、配色、字体的预设，前后风格保持统一，建立稳固的视觉形象。

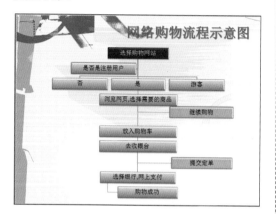

3. 公司内部群体

针对公司内部群体的PowerPoint演示文稿多用于对上级领导的工作汇报，内容比较多，并涉及大量报表数据。公司内部群

体更多的是直接关注PowerPoint演示文稿内容，而如何在大量页面的幻灯片切换中避免单一乏味产生心理抵触则成为设计重点，尽量通过色彩来区分，以避免给观众单调的感觉。

针对公司内部群体而言，需要注意形式简洁，通过母版保持演示文稿统一的风格是第一位。在对文本段落的处理上则通过段落间距、项目符号的设置来实现一定的留白，便于阅读。

1.2　启动与退出PowerPoint 2013

PowerPoint是在Windows环境下开发的应用程序，启动与退出操作和Microsoft Office其他应用程序一样。本章将介绍PowerPoint 2013的几种启动和退出的方法。

1.2.1　启动PowerPoint 2013

与普通的Windows应用程序类似，用户可通过多种方式启动PowerPoint，如常规启动、桌面快捷方式启动、现有演示文稿启动和Windows 7任务栏启动等。

▶ 常规启动：单击【开始】按钮，选择【所有程序】|Office|PowerPoint 2013命令。

▶ 通过桌面快捷方式启动：双击桌面Microsoft PowerPoint 2013快捷图标。

▶ 通过现有文稿启动：找到已经创建的演示文稿，然后双击该文件图标。

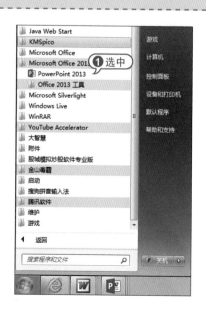

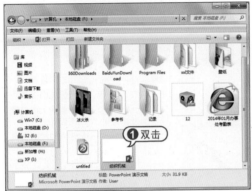

◆ 知识点滴

如果要创建PowerPoint 2013位于Windows桌面的快捷方式，用户可以在【开始】菜单中右击PowerPoint 2013菜单选项，在弹出的菜单中选择【发送到】|【桌面快捷方式】命令即可。

● 通过Windows任务栏启动：在将PowerPoint 2013锁定到任务栏之后，单击任务栏中的Microsoft PowerPoint 2013图标按钮即可。

◆ 知识点滴

右击【开始】菜单中的Microsoft PowerPoint 2013菜单选项，从弹出的菜单中选择【锁定到任务栏】命令，此时Windows就会将PowerPoint 2013锁定到任务栏中。

1.2.2 退出PowerPoint 2013

当不需要使用PowerPoint 2013编辑演示文稿时，就可以退出该软件。退出PowerPoint 2013的方法与退出其他应用程序类似，主要有以下几种方法：

● 单击PowerPoint 2013标题栏上的【关闭】按钮 ✕ 。

● 右击PowerPoint 2013标题栏，从弹出的快捷菜单中选择【关闭】命令，或者直接按Alt+F4组合键。

● 在PowerPoint 2013的工作界面中，单击【文件】按钮，从弹出的菜单中选择【关闭】命令。

1.3 PowerPoint 2013的工作界面

PowerPoint 2013采用了全新的操作界面，与Office 2013系列软件的界面风格保持一致。相比之前版本，PowerPoint 2013的界面更加整齐而简洁，也更便于操作。本节将介绍PowerPoint 2013的工作界面。

PowerPoint 2013的工作界面主要由 　【文件】按钮、快速访问工具栏、标题栏、功能选项卡和功能区、大纲/幻灯片浏览窗格、幻灯片编辑窗口、窗格和状态栏等部分组成。

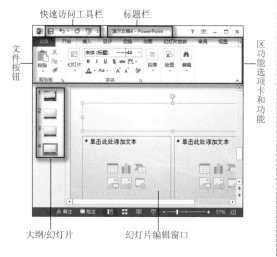

1. 文件按钮

文件按钮位于整个工作界面左上角。单击该按钮，即可弹出相应的快捷菜单，菜单列出了【新建】、【打开】、【保存】、【另存为】、【打印】、【发布】等命令，用于执行PowerPoint演示文稿的新建、打开和保存等基本操作。

2. 快速访问工具栏

快速访问工具栏位于标题栏界面顶部，使用它可以快速访问频繁使用的命令，如保存、撤销、重复等。

知识点滴

如果在快速访问工具栏中添加其他按钮，可以单击【自定义快速访问工具栏】后的按钮，在弹出的下拉菜单中选择所需的按钮命令即可。在其中选择【在功能区下方显示】命令，可将快速访问工具栏调整到功能区下方。

3. 标题栏

标题栏位于PowerPoint 2013工作界面的右上侧，它显示了演示文稿的名称和程序名，最右侧的3个按钮【最小化】、【最大化】和【关闭】分别用来控制窗口执行最小化、最大化和关闭操作。

4. 功能区

功能区将PowerPoint 2013的所有命令都集成在几个功能选项卡中，打开选项卡可以切换到相应的功能区，在其中选择许多自动适应窗口大小的工具栏，不同的工具栏中又放置了与其相关的命令按钮或列表框。

5. 幻灯片编辑区和备注窗格

幻灯片编辑窗口是编辑幻灯片内容的场所，是演示文稿的核心部分。在该区域中可对幻灯片内容进行编辑、查看和添加对象等操作。

备注窗格位于幻灯片下方，用于输入内容，可以为幻灯片添加说明，以使放映者能够更好地讲解幻灯片中展示的内容。

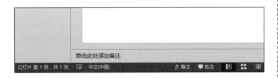

6. 状态栏

状态栏位于窗口底端，它不起任何编辑作用，主要用于显示当前演示文稿的编辑状态和显示模式。拖动幻灯片显示比例栏中的█图标或单击█、█按钮，可调整当前幻灯片的显示大小，也可以直接点击百分比按钮调整图片的大小；单击右侧的█按钮，可按当前窗口大小自动调整幻灯片的显示比例，使当前窗口中可以看到幻灯片的全局效果，且为最大显示比例。右侧的█按钮，用来放映幻灯片。在状态栏中还有█、█和█按钮，分别是普通视图、幻灯片浏览视图和阅读视图的快捷键。

1.4 PowerPoint的视图模式

为了满足用户不同的需求，PowerPoint 2013提供了许多种视图模式用来编辑、查看幻灯片。在制作演示文稿时，用户可以灵活地调整软件的视图模式。

PowerPoint 2013提供了普通视图、幻灯片浏览视图、备注页视图、幻灯片放映视图和阅读视图等多种视图模式，每种视图都包含该视图特定的工作区、功能区和其他工具。在不同的视图中，用户都可以对演示文稿进行编辑和加工，同时这些改动也能反映到其他视图中，这些视图各自的功能如下。

1. 普通视图

默认情况下，PowerPoint 2013是以普通视图模式显示。在普通视图模式中，左侧的幻灯片预览窗口从上到下依次显示每一张幻灯片的缩略图，用户从中可以查看幻灯片的整体外观。当在预览窗口单击幻灯片的缩略图时，该张幻灯片将显示在幻灯片编辑窗口中。在制作PowerPoint演示

文稿时，一般在普通视图中制作幻灯片。

2. 幻灯片浏览视图

使用幻灯片浏览视图，可以在屏幕上同时看到演示文稿中的所有幻灯片，这些幻灯片以缩略图的方式显示在同一窗口中，帮助用户统一演示文稿的风格，掌握演示文稿的结构。

在幻灯片浏览视图中可以查看幻灯片的背景、配色方案或更换模板后演示文稿发生的整体变化，也可以检查各个幻灯片是否前后协调、图标位置是否合适等。如果要对当前幻灯片内容进行编辑，可以双击幻灯片进入到普通视图。

3. 备注页视图

在备注页视图模式下，用户可以方便地添加和更改备注信息，也可以添加图形等，从而使其更直观地把握每张PPT的重点，把自己的意图、知识、优点、服务等推销给别人，博取对方的好感。

4. 大纲视图

大纲视图主要用来显示PowerPoint演示文稿的文本部分，它为组织材料，编写大纲提供了一个良好的工作环境。使用大纲视图是组织和开发演示文稿内容的最好方法，因为用户在制作演示文稿时可以看见屏幕上所有的标题和正文，这样就便于在

幻灯片中重新安排要点、把握结构，将整张幻灯片从一处移动到另一处或者编辑标题和正文等。

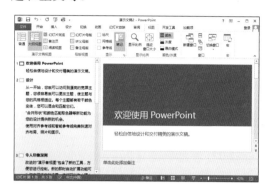

5. 阅读视图

如果用户希望在一个设有简单控件的审阅窗口中查看演示文稿，而不想使用全屏的幻灯片放映，则可以使用阅读视图。

6. 设置PowerPoint默认视图

在PowerPoint 2013中默认的视图是普通视图。其实，用户可以根据需要和习惯设置默认视图方式，从而在制作演示文稿时更加得心应手。设置默认视图的方法很简单，下面这个例子详细说明了设置默认视图的方法。

【例1-1】设置PowerPoint 2013默认视图模式。

步骤 01 单击【文件】按钮，在打开的界

面中单击【选项】选项。

步骤 02 在打开的【PowerPoint选项】对话框中，选择【高级】选项，显示相对应的选项区域。

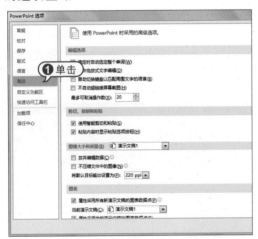

步骤 03 在【显示】选项区域中，单击【用此视图打开全部文档】下拉按钮，从弹出菜单中选择一种视图模式，然后单击【确定】按钮。

（） 实战技巧

　　在PowerPoint中可以设置幻灯片在视图中的显示比例。选中【视图】选项卡，在【显示比例】组中单击【显示比例】按钮，在弹出的【缩放】对话框选择需要的显示比例。

1.5 自定义PowerPoint 2013工作环境

　　PowerPoint 2013支持自定义快速访问工具栏及设置工作环境等，从而使用户能够按照自己的习惯设置工作界面，并在制作演示文稿时更加得心应手。

1.5.1 自定义快速访问工具栏

　　快速访问工具栏包含一组独立于当前所显示的选项卡的命令。根据实际情况可将经常使用的某些命令或按钮添加到快速访问工具栏中，以提高制作演示文稿的速度。

【例1-2】添加【从头开始放映幻灯片】命令按钮到快速访问工具栏中，并调整其至功能区的上方。 （ 视频）

步骤 01 单击【开始】按钮，在弹出的【开始】菜单中选择PowerPoint 2013命令，启动PowerPoint 2013应用程序，打开一个名为"演示文稿1"的空白演示文稿。

步骤 02 单击快速访问工具栏右侧的【自定义快速访问工具栏】按钮▾，从弹出的快捷菜单中选择【其他命令】命令。

步骤 03 打开【PowerPoint选项】对话框的【快速访问工具栏】选项卡，在【从下列位置选择命令】下拉列表中选择【幻灯片放映选项卡】选项，在其下的列表框中选择【从头开始】选项，单击【添加】按钮，即可将该命令按钮添加到右侧的列表框中，单击【确定】按钮。

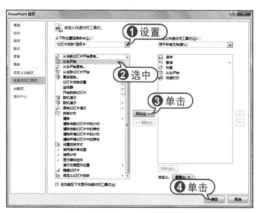

步骤 04 返回至工作界面，即可看到快速访问工具栏中添加了【从头开始放映幻灯片】按钮。

步骤 05 单击【自定义快速访问工具栏】按钮▾，从弹出的快捷菜单中选择【在功能区下方显示】命令。

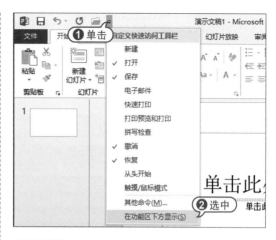

步骤 06 此时，该工具栏将放置在功能区下方。同时，菜单中的相应命令改为【在功能区上方显示】。

1.5.2 自定义功能区

PowerPoint 2013默认的功能区中包含了最常用的工具按钮。如果用户需要添加工具按钮或者其他控件，就需要使用隐藏的【开发工具】选项卡来自定义功能区。

【例1-3】在功能区添加【开发工具】选项卡。

(视频)

步骤 01 启动PowerPoint 2013应用程序，打开一个空白演示文稿。单击【文件】按钮，在弹出的菜单中选择【选项】命令。

步骤 02 打开【PowerPoint选项】对话框的【自定义功能区】选项卡，在右侧的【自定义功能区】列表框中选中【开发工具】复选框，单击【确定】按钮。

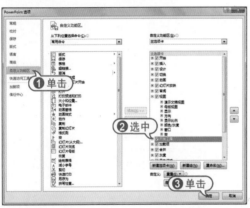

步骤 03 此时，【开发工具】选项卡显示在功能区中。

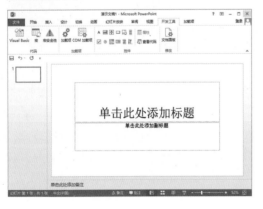

实战技巧

为了使幻灯片显示区域更大，可以将标题栏下方的功能区最小化，只显示功能选项卡，单击右侧的【功能区最小化】按钮︿即可，再单击一次功能区选项卡，即可显示功能区，单击固定功能区。

1.5.3　更改工作界面的颜色

默认情况下，PowerPoint 2013的工作界面颜色是银色。如果用户对其界面颜色不满意，可以根据喜好自行对工作界面的颜色进行更改。

【例1-4】更改工作界面的颜色。视频

步骤 01 启动PowerPoint 2013应用程序，打开一个空白演示文稿。单击【文件】按钮，在弹出的菜单中选择【选项】命令。

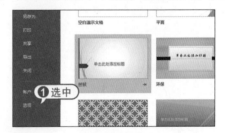

步骤 02 选中【PowerPoint选项】对话框的【常规】选项卡，在PowerPoint 2013里，【Office主题】下拉列表中有3个选项，分别是【白色】、【浅灰色】和【深灰色】。选择【深灰色】选项，单击【确定】按钮。

步骤 03 此时，PowerPoint工作界面的颜色由原先的白色更改为深灰色。

1.6 实战演练

标尺在编辑幻灯片时主要用于对齐或定位各对象，使用网格和参考线可以对对象进行辅助定位。本章的实战演练部分主要介绍显示PowerPoint 2013的工作界面标尺、网格线和参考线。

1.6.1 辅助定位的设置方法

该实例主要介绍了在PowerPoint 2013中设置辅助定位的方法。

【例1-5】在演示文稿中显示标尺、网格和参考线等辅助定位工具。

(视频+素材) (光盘文件\第01章\例1-5)

步骤 01 启动PowerPoint 2013应用程序，打开一个如下图所示的演示文稿，打开【视图】选项卡。

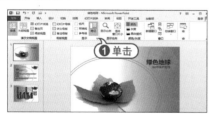

步骤 02 在【显示】组中选中【标尺】复选框，结果如下图所示。

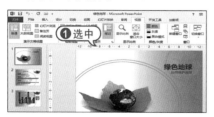

步骤 03 在功能区中打开【视图】选项卡，在【显示】组中选中【网格线】复选框，结果如下图所示。

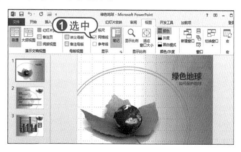

步骤 04 打开【视图】选项卡，在【显示】组中选中【参考线】复选框，结果如下图所示。

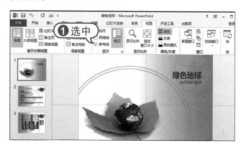

步骤 05 如果在【显示】组中选中【标尺】、【网格线】和【参考线】，则标尺、网格线、参考线同时显示在编辑窗口中。

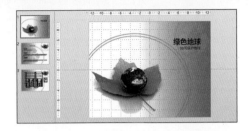

1.6.2 设置工作界面

该实例主要介绍设置【自定义快速访问工具栏】和改变界面颜色的方法。

【例1-6】启动现有文稿并设置PowerPoint 2013工作界面。 📹视频

步骤 01 找到计算机中的现有演示文稿"会员期刊"，双击该演示文稿，即可快速启动PowerPoint 2013应用程序并打开该演示文稿。

步骤 02 单击【自定义快速访问工具栏】按钮▾，从弹出的菜单中选择【快速打印】命令。

步骤 03 即可将【快速打印】命令按钮加

到快速访问工具栏中。

步骤 04 在功能区中右击，从弹出的快捷菜单中选择【折叠功能区】命令，即可将功能区隐藏。

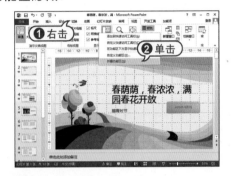

步骤 05 单击【文件】按钮，从弹出的界面中选择【选项】命令。

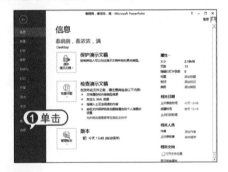

步骤 06 打开【PowerPoint选项】对话框的【常规】选项卡，在【Office主题】下拉列表中选择【深灰色】选项，单击【确定】按钮。

步骤 07 演示文稿的界面将更改为深灰色，

效果如下图所示。

步骤 08 按F5快捷键，开始放映该演示文稿。

实战技巧

制作演示文稿时，使用快捷键可以增加制作演示文稿的效率，可以通过帮助系统来学习如何用快捷键。

专家答疑

» 问：如何认识PPT制作的两大问题？

答：第一，PPT需要提供有价值的内容；第二，PPT需要制作的美观。只有这样，才能刺激客户就内容产生沟通的欲望，让客户有效地吸收PPT提供的信息。很多人之所以做不好PPT，一般都在这两方面出问题，而不是因为没有动画或者找不到好模板。不好的PPT往往是没有思路去组织素材，更谈不上找到好的表达方式，内容和美观成为提升PPT水平的两大障碍。

» 问：如何制作一个好的工作汇报PPT？

答：工作汇报就其内容来看有综合报告、年度报告、阶段性报告、专题报告等。工作汇报类PPT的框架可以分为：标题、正文、结语。其中，标题一般都采用完整式的公文标题，即由报告机关、事由、文种构成。正文一般都汇报缘由、汇报事项、汇报结语组成。汇报缘由通常是交代汇报的起因、目的、主旨或基本情况。工作汇报常以“现将……汇报于后”等惯用语承上启下。工作汇报的报告事项一般的结构安排包括工作情况(成绩及经验)、存在的问题和今后打算，重点应放在工作情况部分。制作工作汇报PPT过程中，可以根据实际工作，或侧重于工作成绩，或详写失误和问题，并对产生问题的原因作出分析，配合具有说服力的图片加深对汇报成绩的印象。结语通常只是一句上行公文的习惯语，可以作为汇报正文的一个组成部分，如“特此汇报”等等，有的工作汇报也可以无结语。

» 问：如何自定义PowerPoint的工具选项卡和功能区？

答：在PowerPoint 2013中，用户可以创建自定义的工具选项卡，并为工具选项卡添加指定的命令按钮。单击【文件】按钮，从弹出的【文件】菜单中选择【选项】命令，打开【PowerPoint选项】对话框，切换至【自定义功能区】选项卡，在右侧【自定义功能区】下拉列表中选择【所有选项卡】选项，单击【新建选项卡】按钮，即可添加【新建选项卡】和【新建组】项目，选中【新建选项卡】或【新建组】选项，单击【重命名】按钮，打开【重命名】对话框，输入选项卡的名称，单击【确定】按钮，即可为新增的选项卡或组更改名称，返回至【自定义功能区】选项卡，在左侧的【从下列位置选择命令】列表框

中选择要添加的命令按钮，单击【添加】按钮，将其添加到自定义的选项卡和组中，单击
【确定】按钮，完成设置。

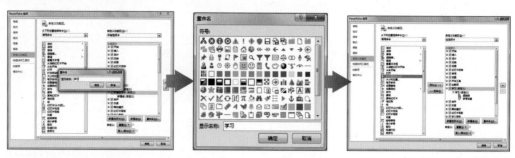

此时，在PowerPoint 2013工作界面中可以查看新建的【学习】选项卡和【学习】组，以及添加的命令按钮。

读书笔记

第2章

PowerPoint 2013的基础操作

　　演示文稿是用于介绍和说明某个问题和事件的一组多媒体材料，可以包含幻灯片、演讲备注和大纲等内容。而PowerPoint则是创建和演示播放这些内容的工具。本章主要介绍创建、放映与保存演示文稿的方法和编辑幻灯片的基本操作。

2.1 创建演示文稿

在PowerPoint中，用户可以创建各种多媒体演示文稿。演示文稿中的每一页称为幻灯片，每张幻灯片都是演示文稿中既相互独立又相互联系的内容。本节将介绍多种创建演示文稿的方法。

2.1.1 创建空白演示文稿

在PowerPoint中，存在演示文稿和幻灯片两个概念，利用PowerPoint制作出来的整个可以放映的文件叫做演示文稿。演示文稿中的每一页叫做幻灯片，每张幻灯片都是演示文稿中既相互独立又相互联系的内容。用户可以在空白的幻灯片上设计出具有鲜明个性的背景色彩、配色方案、文本格式和图片等。

创建空白演示文稿的方法如下。

📎 启动PowerPoint自动创建空演示文稿。无论是使用【开始】按钮启动PowerPoint，还是通过桌面快捷图标或者通过现有演示文稿启动，都将自动打开一个空演示文稿。

📎 使用【文件】按钮创建空白演示文稿。单击工作界面左上角的【文件】按钮，在弹出的菜单中选择【新建】命令，在右侧【可用模板和主题】列表框中选择【空白演示文稿】选项卡，单击【创建】按钮，即可新建一个空演示文稿。

2.1.2 根据现有模板创建文稿

模板是一种以特殊格式保存的演示文

稿，一旦应用了一种模板，幻灯片的背景图形、配色方案等就都已经确定，因此套用模板可以提高创建演示文稿的效率。通过模板，用户可以创建多种风格的精美演示文稿。PowerPoint 2013又将模板细化为样本模板和主题两种。

1. 根据样本模板创建演示文稿

如果用户对制作演示文稿的结构不了解，可使用PowerPoint 2013提供的样本模板创建演示文稿。样本模板是PowerPoint自带的模板中的类型，这些模板将演示文稿的样式、风格，包括幻灯片的背景、装饰图案、文字布局及颜色、大小等均预先定义好。

【例2-1】根据样本模板创建演示文稿。 🎬视频

步骤 01 启动PowerPoint 2013应用程序，单击【文件】按钮，在打开的界面中选择【新建】选项。

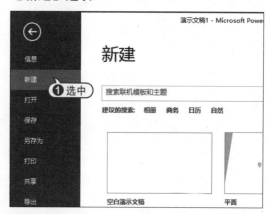

步骤 02 在打开的【新建】界面中，选择【欢迎使用PowerPoint】选项，然后单击【创建】按钮。

步骤 03 此时，【欢迎使用PowerPoint】模板将被应用在新建的演示文稿中。

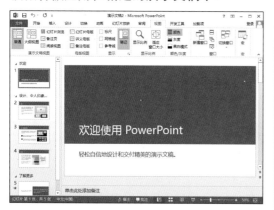

2. 根据主题创建演示文稿

使用主题可以使没有专业设计水平的用户设计出专业的演示文稿效果。

【例2-2】在PowerPoint 2013中根据主题创建演示文稿。 视频

步骤 01 启动PowerPoint 2013应用程序，单击【文件】按钮，在打开的界面中选择【新建】选项。

步骤 02 自动显示【主题】列表框，在列表框中选择【丝状】选项，然后单击【创建】按钮。

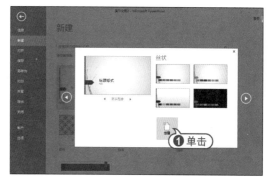

步骤 03 此时，即可新建一个基于【丝状】主题样式的演示文稿。

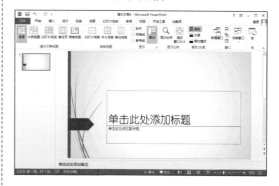

2.1.3 根据现有演示文稿新建

在实际工作中，常常会制作一些类似的演示文稿。例如，2013年做了年终总结，2014年又需要做类似的总结，如果用户想使用现有演示文稿中的一些内容或风格来设计其他的演示文稿，就可以使用PowerPoint的【根据现有内容新建】功能。这样就能够得到一个和现有演示文稿具有类似内容和风格的新演示文稿，用户只需在原有的基础上进行适当修改即可。

【例2-3】在创建的演示文稿中插入现有幻灯片。

 视频

步骤 01 启动PowerPoint 2013应用程序，打开【例2-1】应用的自带样本模板"欢迎使用PowerPoint"。

步骤 02 将光标定位在幻灯片的最后位置，在【插入】选项卡的【幻灯片】组中单击【新建幻灯片】按钮下方的下拉箭头，在弹出的菜单中选择【重用幻灯片】命令。

步骤 03 打开【重用幻灯片】任务窗格，单击【浏览】按钮，在弹出的菜单中选择【浏览文件】命令。

步骤 04 打开【浏览】对话框，选择需

要使用的现有演示文稿，单击【打开】按钮。

步骤 05 此时，【重用幻灯片】任务窗格中显示现有演示文稿中所有可用的幻灯片。

步骤 06 在幻灯片列表中单击需要的幻灯片，将其插入到指定位置。

2.2　管理幻灯片

幻灯片是演示文稿的重要组成部分，用户需要掌握幻灯片的一些基本操作，主要包括选择幻灯片、添加新幻灯片、移动与复制幻灯片、删除幻灯片等。

2.2.1　添加新幻灯片

在启动PowerPoint 2013应用程序后，PowerPoint会自动建立一张新的幻灯片，随着制作过程的推进，需要在演示文稿中插入更多的幻灯片。以下将介绍3种插入幻灯片的方法。

1. 通过【幻灯片】组插入

在幻灯片预览窗格中，选择一张幻灯片，打开【开始】选项卡，在功能区的【幻灯片】组中单击【新建幻灯片】按钮，即可插入一张默认版式的幻灯片。当需要应用其他版式时，单击【新建幻灯片】按钮右下方的下拉箭头，在弹出的菜单中选择【标题和内容】选项，即可插入该样式的幻灯片。

2. 通过右击插入

在幻灯片预览窗格中，选择一张幻灯片，右击该幻灯片，从弹出的快捷菜单中选择【新建幻灯片】命令，即可在选择的幻灯片之后插入一张新的幻灯片。

3. 通过键盘操作插入

通过键盘操作插入幻灯片的方法是最为快捷的方法。在幻灯片预览窗格中，选择一张幻灯片，然后按Enter键，即可插入一张新幻灯片。

2.2.2　选择幻灯片

在PowerPoint 2013中，用户可以选中一张或多张幻灯片，然后对选中的幻灯片进行操作，无论是在"大纲视图"、"普通视图"或"幻灯片浏览视图"中，选择幻灯片的方法都是非常类似的，以下是在普通视图中选择幻灯片的方法。

➡ 选择单张幻灯片：无论是在普通视图还是在幻灯片浏览视图下，只需单击需要的幻灯片，即可选中该张幻灯片。

➡ 选择编号相连的多张幻灯片：首先单击起始编号的幻灯片，然后按住Shift键，单击结束编号的幻灯片，此时两张幻灯片之间的多张幻灯片被同时选中。

📖 知识点滴

在对幻灯片操作时，最为方便的视图模式是在幻灯片浏览操作下进行。对于小范围或少量的幻灯片操作，可以在普通模式下进行。

➡ 选择编号不相连的多张幻灯片：在按住Ctrl键的同时，依次单击需要选择的每张幻灯片，即可同时选中多张幻灯片。在按住Ctrl键的同时再次单击已选中的幻灯片，则取消选择该幻灯片。

➡ 选择全部幻灯片：无论是在普通视图还是在幻灯片浏览视图下，按Ctrl+A组合键，即可选中当前演示文稿中的所有幻灯片。

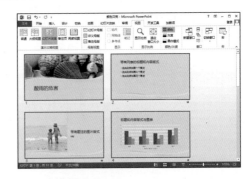

🛠 实战技巧

在幻灯片浏览视图下，用户直接在幻灯片之间的间隙中按下鼠标左键并拖动，此时鼠标划过的幻灯片都将被选中。

2.2.3 复制幻灯片

PowerPoint支持以幻灯片为对象的复制操作。在制作演示文稿时，为了使新建的幻灯片与已经建立的幻灯片保持相同的版式和设计风格(即使两张幻灯片内容基本相同)，可以利用幻灯片的复制功能，复制出一张相同的幻灯片，再对其进行适当的修改，这样能够简化制作幻灯片的过程，节省时间。

【例2-4】在"紫色贝壳"演示文稿中复制幻灯片。

📹 视频+素材 (光盘文件\第02章\例2-4)

步骤 01 启动PowerPoint 2013应用程序，打开"紫色贝壳"演示文稿，然后选中需要复制的幻灯片，在【开始】选项卡的【剪贴板】组中单击【复制】按钮。

步骤 02 在需要插入幻灯片的位置单击，然后单击【开始】选项卡【剪贴板】组里的【粘贴】按钮。或者在目标位置右击，从弹出的快捷菜单中选择【粘贴选项】命令中的选项。

步骤 03 选中的幻灯片即被复制到相应的位置，效果如下图所示。

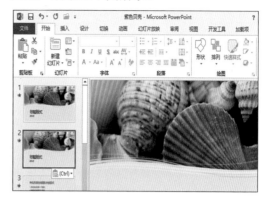

知识点滴

右击选中的幻灯片，从弹出的快捷菜单中选择【复制幻灯片】命令，即可快速地复制幻灯片到选中幻灯片的后面位置。

用户可以同时选择多张幻灯片进行上述操作。Ctrl+C、Ctrl+V快捷键同样适用于幻灯片的复制和粘贴操作。另外，用户还可以通过鼠标左键拖动方法复制幻灯片。方法很简单，选择要复制的幻灯片，按住Ctrl键，然后按住鼠标左键拖动选定的幻灯片，在拖动的过程中出现一条竖线表示选定幻灯片的新位置，此时释放鼠标左键，再松开Ctrl键，选择的幻灯片将被复制到目标位置。

2.2.4 移动幻灯片

在制作演示文稿时，为了调整幻灯片的播放顺序，则需要移动幻灯片。

【例2-5】在【例2-1】创建的"欢迎使用PowerPoint"演示文稿中移动幻灯片。

📹 视频+素材 (光盘文件\第02章\例2-5)

步骤 01 启动PowerPoint 2013应用程序，打开【例2-1】创建的"欢迎使用PowerPoint"演示文稿。

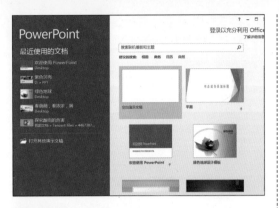

步骤 02 选中第3张幻灯片，然后在【开始】选项卡的【剪贴板】组中单击【剪切】按钮✂。

步骤 05 将光标定位在第1张幻灯片下的空隙处，右击，从弹出的快捷菜单中选择【粘贴选项】列表中的【保留源格式】选项，即可将指定的幻灯片移动到目标位置上。

步骤 03 选中第1张幻灯片，在【剪切板】组中单击【粘贴】按钮，即可将其移动到【默认节】窗格中。

实战技巧

选择要移动的幻灯片时，可以按住Ctrl+X键，剪切幻灯片，然后将光标置于新的位置上，按住Ctrl+V快捷键，粘贴幻灯片。

2.2.5 删除幻灯片

在演示文稿中删除幻灯片是清除大量冗余信息的有效方法。

【例2-6】在"欢迎使用PowerPoint"演示文稿中将第1、第2、第4张幻灯片删除，并删除所有幻灯片的节。

📹视频+素材 (光盘文件\第02章\例2-6)

步骤 04 按住Ctrl键，单击第3与第4张幻灯片，即可选中这两张幻灯片。右击，从弹出的快捷菜单中选择【剪切】命令。

步骤 01 启动PowerPoint 2013应用程序，打开【例2-1】创建的"欢迎使用PowerPoint"演示文稿。按住Ctrl键，在幻灯片预览窗格中选中第1、第2张幻灯片缩略图，并右击，从弹出的快捷菜单中选择【删除幻灯片】命令。

步骤 02 此时，即可删除选中的幻灯片，重新编号后面的幻灯片。

步骤 03 在【开始】选项卡的【幻灯片】组中，单击【节】按钮，从弹出的菜单中选择【删除所有节】命令，即可快速删除幻灯片缩略图中的所有节。

步骤 04 单击【幻灯片浏览】按钮，切换至幻灯片浏览视图，查看删除节后的幻灯片效果。

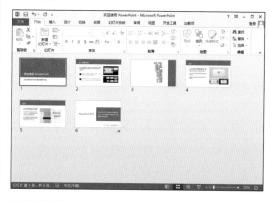

步骤 05 在幻灯片缩略图中选择第4张幻灯片，按Delete键，即可快速删除该幻灯片。

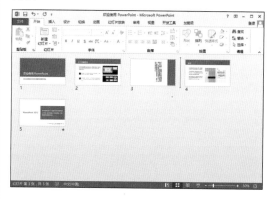

步骤 06 在快速访问工具栏中单击【保存】按钮，保存修改后的"欢迎使用PowerPoint"演示文稿。

知识点滴

移动幻灯片后，PowerPoint将会对所有的幻灯片重新编号，因此，在幻灯片的编号上无法辨别哪张幻灯片被移动，只能通过幻灯片中的内容来进行区别。

2.3 打开、关闭和保存演示文稿

打开、关闭和保存演示文稿的操作是每一个演示文稿的最基本操作。新建演示文稿或添加内容后，可将其保存在电脑中，供以后使用或再次编辑。本节将详细介绍这些常规操作。

2.3.1 打开演示文稿

使用PowerPoint 2013不仅可以创建演示文稿，还可以打开已有的演示文稿，对其进行编辑。PowerPoint允许用户通过以下几种方法打开演示文稿。

❥ 直接双击打开：Windows操作系统会自动为所有ppt、pptx等格式的演示文稿、演示模板文件建立文件关联，用户只需双击这些文档，即可启动PowerPoint 2013，同时打开指定的演示文稿。

❥ 通过【文件】菜单打开：单击【文件】按钮，在弹出的对话框中单击【打开】按钮，双击【计算机】选项即可。

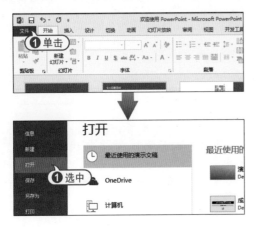

❥ 通过快速访问工具栏打开：在快速访问工具栏中单击【自定义快速访问工具栏】按钮 ，在弹出的菜单中选择【打开】命令，将【打开】命令按钮添加到快速访问工具栏中。单击该按钮，弹出【打开】对话框，选择相应的演示文稿，单击【打开】按钮即可。

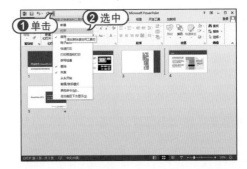

❥ 使用快捷键打开：在PowerPoint 2013窗口中，直接按Ctrl+O组合键，即可弹出【打开】对话框，选择演示文稿，单击【打开】按钮即可。

2.3.2 关闭演示文稿

在PowerPoint 2013中，用户可以通过以下方法将已打开的演示文稿关闭。

❥ 直接单击PowerPoint 2013应用程序窗口右上角的【关闭】按钮，即可关闭当前的演示文稿。

➡ 单击【文件】按钮，从弹出的【文件】菜单中选择【关闭】命令，同样也可以关闭已打开的演示文稿，同时也会关闭PowerPoint 2013应用程序。

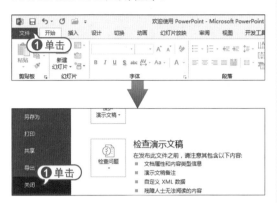

➡ 在Windows任务栏中右击PowerPoint 2013程序图标按钮，从弹出的快捷菜单中选择【关闭窗口】命令，关闭演示文稿，同时关闭PowerPoint 2013应用程序窗口。

➡ 按Ctrl+F4组合键，直接关闭当前已打开的演示文稿；按Alt+F4组合键，则除了关闭演示文稿外，还会关闭整个PowerPoint 2013应用程序窗口。

PowerPoint 2013关联的文档主要包括6种，即扩展名为ppt、pptx、pot、potx、pps和ppsx的文档。

2.3.3　保存演示文稿

文件的保存是一种常规操作，在演示文稿的创作过程中及时保存工作成果，可以避免数据的意外丢失。保存演示文稿的方式很多，一般情况下的保存方法与其他Windows应用程序相似。

1. 常规保存

在进行文件的常规保存时，可以在快速访问工具栏中单击【保存】按钮🖫，也可以单击【文件】按钮，在弹出的菜单中单击【保存】命令，双击【计算机】选项。当用户第一次保存该演示文稿时，将打开【另存为】对话框，供用户选择保存位置和命名演示文稿。

在【保存位置】下拉列表中可以选择

文件保存的路径，在【文件名】文本框中可以修改文件名称，在【保存类型】下拉列表框中选择文件的保存类型。

当执行完上面的操作后，PowerPoint标题栏自动显示保存后的文件名。若再次修改演示文稿并进行保存时，可直接单击【文件】按钮，在弹出的【文件】菜单中选择【保存】命令，或者按Ctrl+S快捷键即可，此时不再打开【另存为】对话框。

2.另存为

另存为演示文稿实际上是指在其他位置或以其他名称保存已保存过的演示文稿的操作。将演示文稿另存为的方法和第一次进行保存的操作类似，不同的是它能保证编辑操作对源文档不产生影响，相当于将当前打开的演示文稿做一个备份。

【例2-7】以只读方式打开"探究酸雨的危害"演示文稿，并将以其"酸雨的危害"为名进行另存为操作。

▶️ 视频+素材 (光盘文件\第02章\例2-7)

步骤 01 启动PowerPoint 2013应用程序，打开一个空白演示文稿，单击【文件】按钮，从弹出的【文件】菜单中选择【打开】命令，双击【计算机】选项。

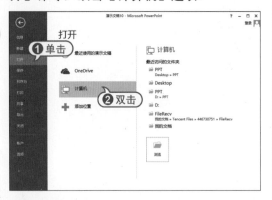

步骤 02 在系统弹出的【打开】对话框中，选择要打开的"探究酸雨的危害"演示文稿，单击【打开】下拉按钮，从弹出的快捷菜单中选择【以只读方式打开】命令。

步骤 03 此时，即可打开该演示文稿，并在标题栏中的文件名后显示【只读】二字。

步骤 04 单击【文件】按钮，从弹出的【文件】菜单中选择【另存为】命令，双击【计算机】选项。

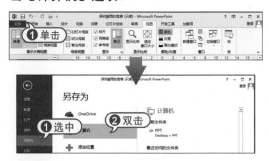

步骤 05 打开【另存为】对话框，设置演示文稿的保存路径，在【文件名】文本框中输入文本"酸雨的危害"，单击【保存】按钮。

步骤 06 返回至演示文稿窗口，即可看到标题栏中的演示文稿的名称已经变成了"酸雨的危害"。

3. 加密保存

加密保存可以防止其他用户在未授权的情况下打开或修改演示文稿，以此来加强文件的安全性，从而保护演示文稿。

【例2-8】加密【2013年销售报表】演示文稿。

（视频）

步骤 01 启动PowerPoint 2013应用程序，打开【2013年销售报表】演示文稿。

步骤 02 单击【文件】按钮，从弹出的【文件】菜单中选择【另存为】命令，选择【计算机】选项，打开【另存为】对话框。

步骤 03 选择文件的保存路径，单击【工具】下拉按钮，从弹出的菜单中选择【常规选项】命令。

知识点滴

在【工具】下拉菜单中选择【保存】选项命令，即可打开【PowerPoint选项】对话框的【保存】选项卡，在其中可以设置文件的保存格式、文件自动保存时间间隔，自动恢复文件的位置和默认文件位置等。

步骤 04 打开【常规选项】对话框，在【打开权限密码】和【修改权限密码】文本框中输入123456，单击【确定】按钮。

步骤 05 打开【确认密码】对话框，输入打开权限密码，单击【确定】按钮。

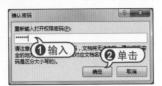

步骤 06 打开【确认密码】对话框，输入修改权限密码，然后单击【确定】按钮。

步骤 07 返回至【另存为】对话框，单击【保存】按钮，即可加密保存演示文稿。

步骤 08 双击加密保存后的演示文稿，打开【密码】对话框，用户需要输入正确的密码，才能访问和修改该演示文稿。

2.4 实战演练

本章的实战演练部分包括创建和调整【员工培训】演示文稿和自定义演示文稿的保存方式两个综合实例操作。用户通过练习可巩固本章所学知识。

2.4.1 创建和调整演示文稿

通过创建"员工培训"演示文稿，来巩固本章知识。

【例2-9】创建"员工培训"演示文稿，并将其中的幻灯片进行调整。

📀视频+素材 (光盘文件\第02章\例2-9)

步骤 01 启动PowerPoint 2013应用程序，然后打开一个空白演示文稿，单击【文件】按钮，从弹出的菜单中选择【新建】命令，在中间的【搜索联机模板和主题】搜索框中输入"员工培训"字样，单击【搜索】按钮🔍。

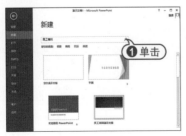

步骤 02 在打开的搜索结果中，选择【员工培训】演示文稿选项，单击【创建】按钮。

步骤 03 此时，即新建一个名为【演示文稿2】的演示文稿，并显示样式和文本效果。

步骤 04 在需要加入节的位置右击，从弹出的快捷菜单中选择【新增节】命令，即可增加节。

步骤 05 右击幻灯片任务窗格中上一步设置的节，从弹出的快捷菜单中选择【删除所有节】命令，即可删除幻灯片的节内容。

步骤 06 选中第3张至第5张幻灯片，右击，从弹出的快捷菜单中选择【删除幻灯片】命令。

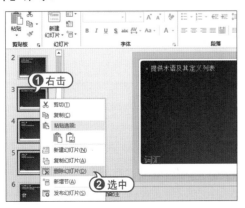

步骤 07 此时即可删除选中的幻灯片，后面的幻灯片将自动重新编号。

步骤 08 在幻灯片缩略图中，选中第1张幻灯片，按住左键不放，将其移动到第2张和第3张之间的位置。

步骤 09 当第2张幻灯片移动到第1张的位置时，释放左键，此刻将第1张幻灯片移动到目标位置。

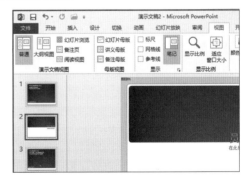

步骤 10 在快速访问工具栏中单击【保存】按钮，打开【另存为】对话框，选择保存路径，然后在【文件名】文本框中输入"员工培训"，并单击【保存】按钮将演示文稿保存。

2.4.2　自定义PPT保存方式

下面的实例将演示通过使用PowerPoint 2013应用程序的【保存】选项卡，在演示文稿中设置自定义保存方式。

【例2-10】在演示文稿中自定义演示文稿保存方式。 视频

步骤 01 启动PowerPoint 2013应用程序，打开【员工培训】演示文稿，然后单击【文件】按钮，从弹出的【文件】菜单中选择【选项】命令。

步骤 02 打开【PowerPoint选项】对话框，切换至【保存】选项卡，在【保存演示文稿】选项区域中的【将文件保存为此格式】下拉列表框中选择【PowerPoint演示文稿】选项；选中【保存自动回复信息时间间隔】复选框，并在其后的微调框中输入5；在【自动恢复文件位置】和【默认文件位置】文本框中输入演示文稿的路径，单击【确定】按钮，完成设置。

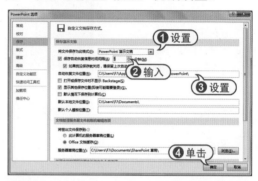

步骤 03 返回【2013销售报表】演示文稿窗口，单击【关闭】按钮，关闭演示文稿，并退出PowerPoint 2013应用程序。

实战技巧

在【PowerPoint选项】对话框中，单击【保存】按钮，在【文件保存为此格式】下拉列表框中选择【PowerPoint97-2003演示文稿】选项，在设置完毕后，制作的演示文稿将自动保存为PowerPoint97-2003格式。

专家答疑

>> 问：如何设置演示文稿的显示比例？

答：打开演示文稿，在状态栏中向左或右拖动滑块，可以调节演示文稿的显示比例，同样单击【放大】按钮或【缩小】按钮，也可以设置演示文稿的显示比例。

另外，要精确设置演示文稿的显示比例，可以打开【视图】选项卡，在【显示比例】组中单击【显示比例】按钮，打开【显示比例】对话框，在对话框中选择显示比例，或者精确设置百分比，单击【确定】按钮即可。

>> 问：如何在不同演示文稿中移动幻灯片？

答：打开两个演示文稿，在任意窗口中，打开【视图】选项卡，在功能区【窗口】组中单击【全部重排】按钮，此时系统自动将两个演示文稿显示在一个界面中。然后选择要移动的幻灯片，右击，选择【复制】命令，将鼠标拖动到另一演示文稿中，左击目标位置，此时目标位置会出现一条横线，右击，选择【保留源格式】，即可完成在不同演示文稿中幻灯片的移动操作。请读者注意，移动幻灯片后，PowerPoint 2013将会对所有幻灯片重新编号，因此在幻灯片的编号上无法辨别哪张幻灯片被移动，只能通过幻灯片中的内容来区别。

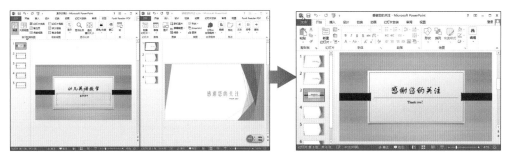

>> 问：如何通过Microsoft Office Online 创建演示文稿？

答：PowerPoint 2013提供大量免费的模板文件，用户可以直接在【新建演示文稿】对话框中使用Office Online 功能。启动PowerPoint 2013后，单击【文件】按钮，在弹出的菜单中选择【新建】命令，在右侧搜索框内输入"贺卡"字样，选择需要的模板，单击【创建】按钮。

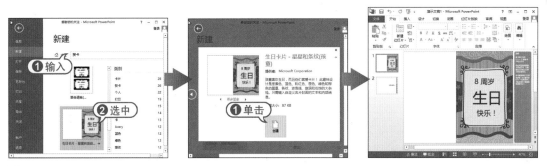

>> 问：如何制作好一个商业PPT？

答：一个好的商业PPT，必须具备表达式"专业+清晰+简洁=商业PPT"，其中，专业=高质量图片+专业的模板+正确的使用，清晰=容易的排版+有力的逻辑+新颖的转场，简洁=合适的母版+逻辑化、视觉化的构思。因此，在商业幻灯片中应该突出要强调的关键信息，并把这些信息放在客户眼球关注的位置，才能以最大程度保证幻灯片的核心信息被传递出去。换言之，就是越简单越好，要符合阅读心理期望，不要让观众去猜想接下来要讲解的内容。这些都是幻灯片满足逻辑化、视觉化的设计要求。

读书笔记

第3章

输入与编辑幻灯片文本

　　文字是演示文稿中至关重要的组成部分，简洁的文字说明使演示文稿更为直观明了，而为文字增添效果更加能冲击观看者的眼球。本章将介绍在幻灯片中添加文本、设置文本格式和段落格式的方法。

3.1 使用占位符

占位符是包含文字和图形等对象的容器，其本身是构成幻灯片内容的基本对象，具有自己的属性。用户可以在其中添加文本，也可以对占位符本身进行移动、复制和删除等操作。

3.1.1 选择、移动与调整占位符

占位符常见的操作状态有两种：文本编辑与整体选中。在文本编辑状态中，用户可以编辑占位符中的文本；在整体选中状态中，用户可以对占位符进行移动、调整大小等操作。

1. 选择占位符

若要在幻灯片中选中占位符，具体方法主要有以下3种。

◉ 在文本编辑状态下，单击其边框，即可选中该占位符。

◉ 在幻灯片中可以拖动鼠标选择占位符。当鼠标指针处在幻灯片的空白处时，按下鼠标左键并拖动，此时将出现一个虚线框，当释放鼠标时，处在虚线框内的占位符都会被选中。

◉ 在按住键盘上的Shift键或Ctrl键时一次单击多个占位符，可同时选中它们。

> **🖐 知识点滴**
>
> 按住Shift键和按住Ctrl键的不同之处在于前者只能选择一个或多个占位符，而按住后者时，除了可以同时选中多个占位符外，还可以拖动选中的占位符，实现对所选占位符的复制的操作。

占位符的文本编辑状态与选中状态的主要区别是边框的形状。单击占位符内部，在占位符内部出现一个光标，此时占位符处于编辑状态。

在选中占位符后，PowerPoint将会把占位符的边框突出显示，并显示9个相关的控制柄，以供用户调整占位符。另外，在占位符处于选中状态时，系统自动打开【绘图工具】的【格式】选项卡，在【大小】组的【形状高度】和【形状宽度】文本框中可精确设置占位符大小。

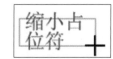

2. 移动占位符

在幻灯片中移动占位符，主要有以下两种方法。

◉ 当占位符处于选中状态时，将鼠标指针移动到占位符的边框时将显示 形状，此时按住鼠标左键并拖动文本框到目标位置，释放鼠标即可。

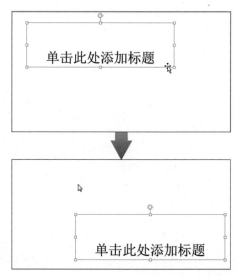

◉ 当占位符处于选中状态时，可以通过键盘方向键来移动占位符的位置。使用方向

键移动的同时按住Ctrl键，可以实现微移。

3. 调整占位符

调整占位符主要是指调整其大小，调整占位符大小的方法主要有以下两种。

▶ 当占位符处于选中状态时，将鼠标指针移动到占位符右下角的控制点上，此时鼠标指针变为 ⤡ 形状，按住鼠标左键并向内拖动，调整到合适大小时释放鼠标即可调整占位符。

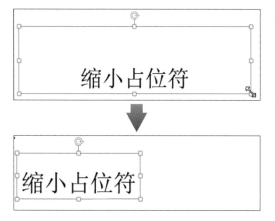

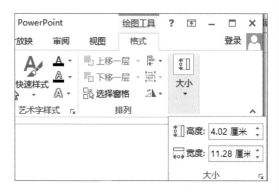

▶ 在占位符处于选中状态时，选择【格式】选项卡，单击【大小】下拉按钮，在弹出的【高度】和【宽度】文本框中可以精确地设置占位符大小。

![PowerPoint 绘图工具 格式 选项卡，高度 4.02 厘米，宽度 11.28 厘米]

3.1.2 复制、剪切与删除占位符

除了对占位符进行选择、移动和调整操作外，还可以对占位符进行复制、剪切与删除等基本编辑操作。

【例3-1】在不同的幻灯片中，对占位符进行复制、剪切和删除操作。 ▶视频

步骤 01 启动PowerPoint 2013，新建一个主题为"丝状"的演示文稿，再新建一张幻灯片，并以"占位符操作"为名保存，在第1张幻灯片的占位符中输入"占位符操作"字样。

步骤 02 选中占位符后，在【开始】选项卡的【剪贴板】中选择【复制】选项。

步骤 03 选中第2张幻灯片，在【开始】选项卡的【剪贴板】组中选择【粘贴】选项，得到如图所示的效果。

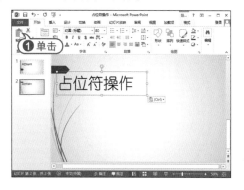

步骤 04 选中第1张幻灯片，将占位符移动到幻灯片右上角，在【开始】选项卡的【剪贴板】中单击【剪切】按钮。

知识点滴

当把复制的占位符粘贴到当前幻灯片时，被粘贴的占位符将位于原占位符的附近；当把复制的占位符粘贴到其他幻灯片时，则被粘贴的占位符的位置不变。

步骤 05 选中第2张幻灯片，在【开始】选项卡的【剪贴板】组中选择【粘贴】选项，得到如图所示的效果。

步骤 06 选中占位符，按Delete键，可以把占位符及其内部的所有内容删除。

实战技巧

选中占位符，按Ctrl+C或Ctrl+X快捷键，复制或剪切占位符，然后按Ctrl+V快捷键，粘贴占位符至目标位置。

3.1.3 设置占位符属性

在PowerPoint 2013中，占位符、文本框及自选图形等对象具有相似的属性，如对齐方式、颜色、形状等，设置它们的属性的操作是相似的。在幻灯片中选中占位符时，功能区将出现绘图工具的【格式】选项卡。

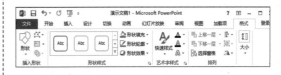

1. 旋转占位符

在设置演示文稿时，占位符可以任意角度旋转。选中占位符，在【格式】选项卡的【排列】组中单击【旋转】按钮，在弹出的菜单中选择相应命令即可实现按角度旋转占位符。

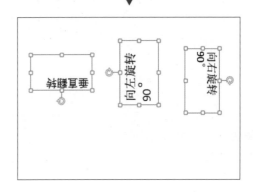

若要精确设置占位符的旋转角度，单击【旋转】按钮，在弹出的菜单中选择【其他旋转选项】命令，将打开【设置形状格式】对话框的【大小】选项卡。在【尺寸和旋转】选项区域中【旋转】角度中设置其他角度之即可。

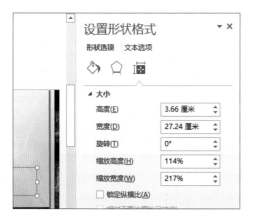

另外，如果一张幻灯片中包含两个或两个以上的占位符，用户可以通过选择相应命令来左对齐、右对齐、左右居中或横向分布占位符。选中多个占位符，在【格式】选项卡的【排列】组中单击【对齐】按钮，此时，在弹出的菜单中选择相应命令，即可快速设置其对齐方式。

2. 设置占位符的形状

占位符的形状设置包括形状填充、形状轮廓和形状效果设置。通过设置占位符的形状，可以自定义内部纹理、渐变样式、边框颜色、边框粗细、阴影效果等。

【例3-2】在PowerPoint 2013中，设置占位符的形状。

📹【视频+素材】(源文件\第03章\例3-2)

步骤 01 启动PowerPoint 2013应用程序，打开"占位符操作"演示文稿，在幻灯片缩略图中选择第1张幻灯片。

步骤 02 选中标题占位符，打开【绘图工具】的【格式】选项卡，在【形状样式】组中单击【形状填充】按钮，在弹出的菜单【主题颜色】中选择【浅绿，背景2，深色50%】颜色，快速应用该填充颜色。

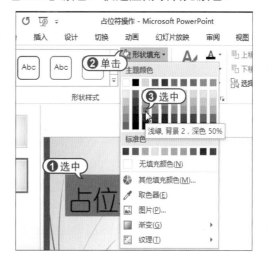

步骤 03 在【形状样式】组中单击【形状轮廓】，在弹出菜单的【主题颜色】选项区域中选择第1行第2列的颜色。

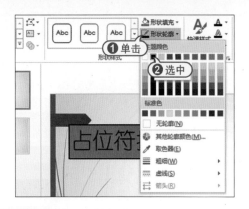

步骤 04 在【形状轮廓】弹出的菜单中选择【粗细】|【3磅】命令，快速设置外边框的线型样式。

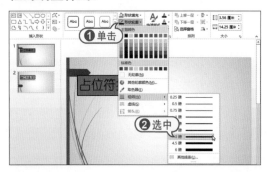

步骤 05 在【形状样式】组中单击【形状效果】按钮，在弹出的菜单中选择【映像】|【半映像，8pt偏移量】效果，为占位符应用该映像效果。

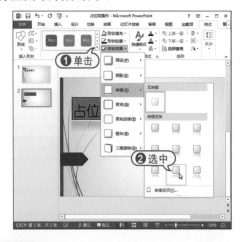

步骤 06 在【形状样式】组中单击【形状填充】按钮，在弹出的菜单中选择【渐变】|【其他渐变】命令，打开【设置形状格式】对话框。

步骤 07 打开【填充】选项卡，选中【渐变填充】单选按钮，在【类型】下拉列表中选择【路径】；在【颜色】填充面板中选择【白色】色块，向右拖动【渐变光圈】滑块；在【亮度】和【透明度】微调框中输入10%和20%，单击【关闭】按钮，完成设置。

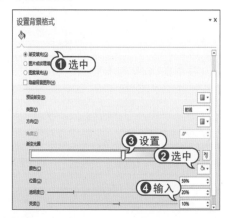

步骤 08 此时标题占位符将应用设置后的填充效果，然后调节标题占位符的位置。在快速访问工具栏中单击【保存】按钮，保存"占位符操作"演示文稿。

3.1.4 输入占位符文本

占位符文本的输入主要在普通视图中进行，即在幻灯片窗口中和在【大纲】窗格中都可以输入文本。

【例3-3】创建"光盘策划提案"演示文稿，在占位符中输入文本。

（视频+素材）(源文件\第03章\例3-3)

步骤 01 启动PowerPoint 2013应用程序，打开一个空白演示文稿，单击【文件】按钮，在打开的界面中选择【新建】选项，在右边的搜索框中输入"模板"，选择一个合适的模板，单击【创建】按钮。

步骤 02 此时，将新建一个基于模板的演示文稿，并以"光盘策划提案"为名进行保存。

步骤 03 默认选中第1张幻灯片缩略图，在幻灯片编辑窗口中单击【单击此处添加标题】占位符，输入标题文本；单击【单击此处添加副标题】占位符，输入副标题文本。

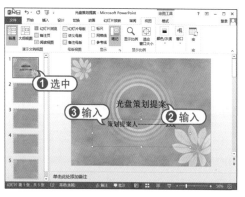

步骤 04 选择【视图】选项卡，单击【大纲视图】，切换至【大纲视图】窗格，将光标定位在第2张幻灯片图标右侧，输入标题文本。此时，在幻灯片编辑窗口的占位符中同时显示标题文本的内容。

步骤 05 使用同样的方法，输入第3至第5张幻灯片的标题文本内容。

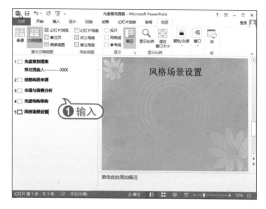

步骤 06 选择【视图】选项卡里的【普通】视图选项，选中第2张幻灯片缩略图。

步骤 07 在幻灯片编辑窗口中单击【单击

此处添加文本】占位符，占位符中的项目符号将自动删除，然后根据需要输入文本。

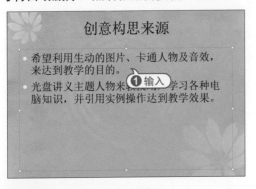

步骤 08 使用同样的方法，在其他幻灯片的【单击此处添加文本】占位符中输入文本内容，效果如下图所示。

步骤 09 在快速访问工具栏中单击【保存】按钮，保存创建的【光盘策划提案】演示文稿。

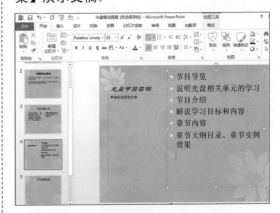

知识点滴

用户除了使用复制的方法从其他文档中将文本粘贴到幻灯片中，还可以在【插入】选项卡中的【文本】组中单击【对象】按钮，打开【插入对象】对话框，在该对话框将文本文档导入到幻灯片中。

3.2　使用文本框

文本框是一种可移动、可调整大小的文字容器，它与文本占位符非常相似。使用文本框可以在幻灯片中放置多个文字块，使文字按照不同的方向排列。也可以突破幻灯片版式的制约，实现在幻灯片中任意位置添加文字信息的目的。

3.2.1　使用文本框添加文字

PowerPoint 2013提供了横排文本框和垂直文本框两种形式的文本框，分别用来放置水平方向的文字和垂直方向的文字，用户可以根据自己的需要选择相应文本框。

选择【插入】选项卡，在【文本】组中单击【文本框】按钮下方的下拉箭头，在弹出的菜单中选择【横排文本框】命令，移动鼠标指针到幻灯片的编辑窗口，当指针形状变为↓时，在幻灯片中按住鼠标左键并拖动，鼠标指针变为＋形状，当拖动到合适大小时，释放鼠标完成横排文

本框的插入。

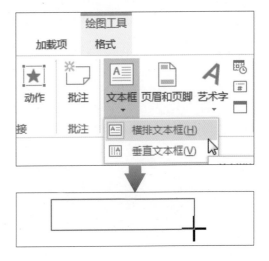

3.2.2 设置文本框属性

在PowerPoint 2013中绘制的文本框总是默认设置，形式单调且不美观，因此需要设置边框、填充颜色以及文本效果等属性。

【例3-4】在"光盘策划提案"演示文稿中设置文本框的样式。

（视频+素材）(源文件\第03章\例3-4)

步骤 01 启动PowerPoint 2013应用程序，打开"光盘策划提案"演示文稿，在幻灯片缩略图中选中第6张幻灯片，将其显示在幻灯片编辑窗口中。

步骤 02 按住Shift的同时，单击文本框，选中所有的文本框。

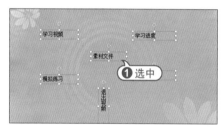

步骤 03 打开【格式】选项卡，在【形状样式】组中单击【其他】按钮，在弹出的列表样式中选择第4行第3列的样式，为文本快速应用形状样式。

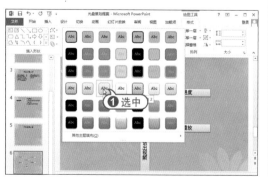

步骤 04 在【艺术字样式】组中单击【其他】按钮，从弹出的艺术字样式列表中选择第3行第1列中的样式。

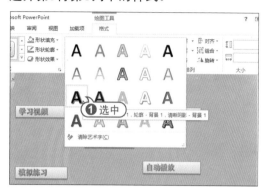

步骤 05 在【艺术字样式】组中单击【文字效果】按钮，从弹出的菜单中选择【三维旋转】|【左向对比透视】选项。

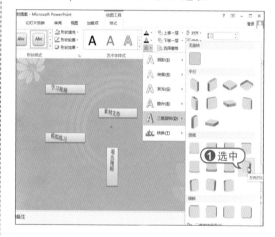

步骤 06 此时，即可为文本框中的文字应用艺术字样式和三维旋转文本效果。

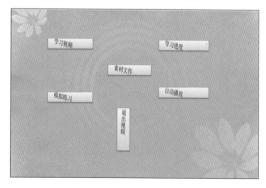

步骤 07 在快速访问工具栏中单击【保存】按钮，保存"光盘策划提案"演示文稿。

3.3 输入与编辑文本

PowerPoint 2013的文本编辑操作主要包括选择、复制、粘贴、剪切、撤销与重复、查找与替换等。掌握文本的编辑操作是进行文字属性设置的基础。

3.3.1 选择和移动文本

用户在编辑文本之前，首先要选择文本，然后才能进行剪切等相关操作。

1. 选择文本

在PowerPoint 2013中，常用的选择方式主要有以下几种。

❯ 当鼠标指针移动至文字上方时，鼠标形状将变为 I 形状。在要选择文字的起始位置单击，进入文字编辑状态，此时按住鼠标左键，拖动鼠标到要选择文字的结束位置释放鼠标，被选择的文字将以高亮显示。

创意构思来源

希望利用生动的图片、卡通人物及音效，来达到教学的目的。光盘讲义主题人物来教授用户学习各种电脑知识，并引用实例操作达到教学效果。

❯ 进入文字编辑状态，将光标定位在要选择文字的起始位置，按住Shift键，在需要选择的文字的结束位置单击鼠标左键，然后松开Shift键，此时在第一次单击鼠标左键位置和按住鼠标左键位置之间的文字都将被选中。

❯ 进入文字编辑状态，利用键盘上的方向键，将闪烁的光标定位到需要选择的文字前，按住Shift键，使用方向键调整要选中的文字，此时光标划过的文字都将被选中。

❯ 当需要选择一个语义完整的词语时，在需要选择的词语上双击，

PowerPoint就将自动选择该词语，如双击"人物"、"学习"等。

❯ 如果需要选择当前文本框或文本占位符中所有文字，那么可以在文本编辑状态下单击【开始】选项卡，在【编辑】组中单击【选项】按钮右侧的下拉箭头，在弹出的菜单中选择【全选】命令即可。

❯ 在一个段落中连续单击鼠标左键3次，可以选择整个段落。

❯ 当单击占位符或文本框的边框时，整个占位符或文本框将被选中，此时占位符中的文本不以高亮显示，但具有与被选中文本相同的特性，如可以为选中的文字设置字体、字号等属性。

◆ 实战技巧

单击幻灯片中的空白处，可以取消文本的选中状态。

2. 移动文本

剪切操作主要是用来移动一段文字。当选中要移动的文字后，在【开始】选项卡的【剪贴板】组中单击【剪贴】按钮 ✄，这时被选中的文字将被选中剪切到Windows剪贴板上，同时原位置的文本消失。将光标定位到新位置后，单击【剪贴板】组中的【粘贴】按钮，就可以将剪贴

的内容粘贴到新位置，从而实现文字的移动。

实战技巧

选中需要移动的文字，当鼠标指针再次移动到被选中的文字上方时，鼠标指针将由 I 形状变为 形状，这时可以拖住鼠标左键并向目标位置拖动文字。在拖动文字时，鼠标指针下方将出现一个矩形。释放鼠标即可完成移动操作。

3.3.2 复制和删除文本

在PowerPoint 2013中，复制的内容可以是当前编辑的文本，也可以是图片、声音等其他对象。使用这些操作，可以帮助用户创建重复的内容，或者把一段内容移动到其他位置。当不需要当前对象时，可以使用删除操作。

1. 复制文本

首先选中需要复制的文字，打开【开始】选项卡，在【剪贴板】组中单击【复制】按钮 ，这时选中的文字将复制到Windows剪贴板上。然后将光标定位到需要粘贴的位置，单击【剪贴板】组中的【粘贴】按钮，此时，复制的内容将被粘贴到新的位置。

知识点滴

在选中需要复制的文本后，用户可以使用Ctrl+C组合键完成复制，再使用Ctrl+V组合键完成粘贴。

2. 删除文本

若要删除一段不需要的文字，有以下两种方法。

◉ 进入文字编辑状态，将光标定位在要删除的文字后方，按住Backspace键，直到不需要的文字被删除为止。

◉ 进入文字编辑状态，将想要删除的

文字选中，然后按下Delete键，则文字被删除。

3.3.3 查找和替换文本

当需要在较长的演示文稿中查找某一个特定内容，或在查找到特定内容后将其替换为其他内容时，可以使用PowerPoint 2013提供的【查找】和【替换】功能。

1. 查找

在【开始】选项卡的【编辑】组中单击【查找】按钮，打开【查找】对话框。

在【查找】对话框中，各选项的功能说明如下。

◉ 【查找内容】下拉列表框：用于输入所要查找的内容。

◉ 【区分大小写】复选框：选中该复选框，在查找时需要完全匹配由大小写字母组合成的单词。

◉ 【全字匹配】复选框：选中该复选框，PowerPoint只查找用户输入的完整单词或字母，而PowerPoint默认的查找方式是非严格匹配查找，即该复选框未选中时的查找方式。例如，在【查找内容】下拉列表框中输入文字"计算"时，如果选中该复选框，系统仅会严格查找该文字，而对"计算机"、"计算器"等词忽略不计；如果未选中该复选框，系统则会对所有包含输入内容的词进行查找统计。

◉ 【区分全/半角】复选框：选中该复选框，查找时将自动区分全角字符与半角字符。

◉ 【查找下一个】按钮：单击该按钮开始查找，当系统找到第一个满足条件的字符后，该字符将高亮显示，这时可以再次单击【查找下一个】按钮，继续查找到其他满足条件的字符。

2. 替换

PowerPoint 2013中的替换功能包括替换文本内容和替换字体。在【开始】选项卡的【编辑】组中单击【替换】按钮右侧的下拉箭头，在弹出的菜单中选择相应命令即可。

【例3-5】在"光盘策划提案"演示文稿中，查找文本"用户"，并替换为文本"读者"。

📹(视频+素材) (源文件\第03章\例3-5)

步骤 01 启动PowerPoint 2013应用程序，打开"光盘策划提案"演示文稿，在【开始】选项卡的【编辑】组中单击【查找】按钮，打开【查找】对话框，在【查找内容】文本框中输入文本"用户"，然后单击【查找下一个】按钮。

步骤 02 此时PowerPoint 2013以高亮显示满足条件的文本。

市场与消费分析

规模小，但间很大。市同类产品，内容并不相对本产品造

消费者主要为高职高专类院校的学生、办公职员等，希望通过该光盘的学习，广大用户能快速运用所学的知识来操控电脑。

步骤 03 单击【查找下一个】按钮，PowerPoint将继续对符合条件的文本进行查找，当全部查找完成后，系统将打开

Microsoft PowerPoint信息提示对话框，提示对演示文稿搜索完毕，然后单击【确定】按钮。

步骤 04 返回至【查找】对话框，单击【替换】按钮，打开【替换】对话框。

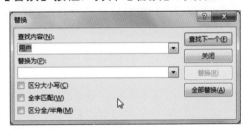

步骤 05 在【替换为】下拉列表框中输入文字"读者"，然后选中【全字匹配】复选框。

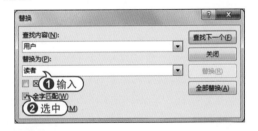

步骤 06 单击【查找下一个】按钮，此时幻灯片中第一次出现"用户"的文字被选中，单击【替换】按钮，替换该处的文本。

步骤 07 返回至【替换】对话框，单击【全部替换】按钮，即可一次性完成满足所有条件的文本的替换，同时打开Microsoft PowerPoint信息提示对话框，提示用户完成多少处的文本替换，单击【确定】按钮。

步骤 08 返回至【替换】对话框，单击【关闭】按钮，完成替换，返回至幻灯片编辑窗口，即可查看替换后的文本。

创意构思来源

- 各种电脑知识，并引用实例操作达到教学希望利用生动的图片、卡通人物及音效，来达到教学的目的。光盘讲义主题人物来教授读者学习效果。

步骤 09 在快速访问工具栏中单击【保存】按钮日，保存"光盘策划提案"演示文稿。

知识点滴

【撤销】命令对应的快捷键是Ctrl+Z，【恢复】命令对应的快捷键是Ctrl+Y，或在快速访问工具栏中单击【撤销】按钮↺和【恢复】按钮↻。

3.4 设置文本和段落的格式

为了使演示文稿更加美观、清晰，通常需要对文本格式和段落格式进行设置。文本格式包括字体、字号、字体颜色、字符间距及文本效果等设置，段落格式包括段落对齐、段落缩进及段落间距等。本章将具体描述文本和段落格式的设置方法。

3.4.1 设置文本格式

在PowerPoint中，当幻灯片应用了板式后，幻灯片中的文字也具有了预先定义的属性，但在很多情况下，用户仍然需要按照自己的要求对文本格式重新进行设置。

1. 通过【字体】组设置字体

在PowerPoint2013中，选择相应的文本，打开【开始】选项卡，在【字体】组中可以设置字体、字号、字形和颜色。

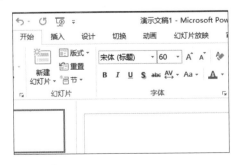

2. 通过【字体】对话框设置字体

选择要设置的文本，打开【开始】选项卡，然后在【字体】组中单击对话框启动器 ，打开【字体】对话框，切换至【字体】选项卡，在其中进行字号、字形和字体颜色的设置，在【西文字体】和【中文字体】下拉列表框中，可以设置字符字体。

3. 通过浮动工具栏设置

选择要设置的文本后，PowerPoint 2013会自动弹出【格式】浮动工具栏，或者右击选取的字符，也可以打开【格式】浮动工具栏。在该浮动工具栏中设置字体、字号、字形和字体颜色。

【例3-6】在"光盘策划提案"演示文稿中，设置幻灯片中文本的字体格式和字符间距。

（视频+素材）(源文件\第03章\例3-6)

步骤 01 启动PowerPoint 2013应用程序，打开"光盘策划提案"演示文稿，自动显示第一张幻灯片，选择标题占位符，在【开始】选项卡的【字体】下拉列表中选择【华文琥珀】选项，在【字号】下拉列表中选择54选项，单击【阴影】按钮，此时标题文本将自动应用设置的字体格式。

步骤 02 选中副标题文本，在弹出的浮动工具栏的【字体】下拉列表中选择【华文隶书】选项，在【字号】下拉列表中选择24选项，单击【字体颜色】按钮，从弹出的颜色面板中选择【深蓝】色。

步骤 03 在幻灯片缩略图中选中第2张幻灯片，将其显示在幻灯片编辑窗口中。

步骤 04 使用同样的方法，设置标题文本为【华文新魏】，字号为28，字形为【粗】、【阴影】，设置文本字体为【宋体】，字号为28，字体颜色为【深蓝】。

知识点滴

在PowerPoint 2013中，如果设置的文本格式与其他相应文本的格式相同，可使用格式刷快速设置。方法很简单，将光标定位在设置好的文本占位符中，在【开始】选项卡的【剪贴板】组中单击【格式刷】按钮，然后切换至目标幻灯片中，将鼠标指针定位在要设置格式的文本前，此时指针变为 形状，按住鼠标左键拖动选中目标文本，释放鼠标。

步骤 05 在幻灯片缩略图中选择第4张换幻灯片，将其显示在幻灯片编辑窗口中，选中标题占位符，在【开始】选项卡的【字体】组中单击对话框启动器，打开【字体】对话框的【字体】选项卡，在【中文字体】下拉列表中选择【方正舒体】选项，在【字体样式】下拉列表中选择【加粗 倾斜】选项，在【大小】微调框中输入32，单击【字体颜色】下拉列表，从弹出的颜色面板中选择【深红】色块，单击【确定】按钮，完成设置。

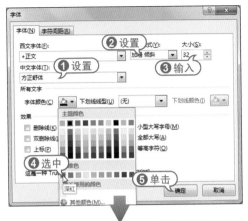

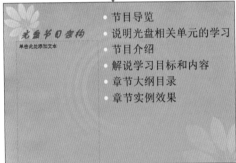

步骤 06 在幻灯片缩略图中选择第5张幻灯片，将其显示在幻灯片编辑窗口中。

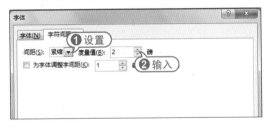

步骤 07 选择文本占位符，打开【开始】选项卡，在【字体】组中单击对话框启动器，打开【字体】对话框的【字符间距】选项卡，在【间距】下拉列表中选择【加宽】选项，在【度量值】微调框中输入5，单击【确定】按钮。

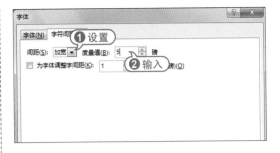

步骤 08 此时，文本占位符中的字与字之间的距离将扩大5磅。

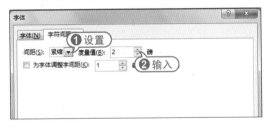

步骤 09 选中标题占位符，使用同样的方法打开【字体】对话框的【字符间距】选项卡，在【间距】下拉列表中选择【紧缩】选项，在【度量值】微调框中输入2，单击【确定】按钮。

步骤 10 此时标题占位符中的字与字之间的距离将缩小2磅。

步骤 11 在快速访问工具栏中单击【保

存】按钮🔲，保存"光盘策划演示提案"演示文稿。

3.4.2 设置段落格式

掌握了在幻灯片中编排段落格式的操作方法之后，就可以为整个演示文稿设置风格相符的段落格式。

1. 设置段落对齐方式

段落对齐是指段落边缘的对齐方式，包括左对齐、右对齐、居中对齐、两端对齐和分散对齐，这5种对齐方式说明如下。

● 左对齐。左对齐时，段落左边对齐，右边参差不齐。

● 右对齐。右对齐时，段落右边对齐，左边参差不齐。

● 居中对齐。居中对齐时，段落居中排列。

● 两端对齐。两端对齐时，段落左右两端都对齐分布，但是段落最后不满一行的文字右边是不对齐的。

● 分散对齐。分散对齐时，段落左右两边均对齐，而且当每个段落的最后一行不满一行时，将自动拉开字符间距使该行均匀分布。

设置段落格式时，首先选定要对齐的段落，然后在【开始】选项卡的【段落】组中可分别单击【文本左对齐】按钮≡、【文本右对齐】按钮≡、【居中】按钮≡、【两端对齐】按钮≡和【分散对齐】按钮▤。

【例3-7】在"光盘策划提案"演示文稿中，为幻灯片段落设置对齐方式。

📹视频+素材 (源文件\第03章\例3-7)

步骤 **01** 启动PowerPoint 2013应用程序，打开"光盘策划提案"演示文稿，在第1张幻灯片中选中标题占位符，在【开始】选项卡的【段落】组中单击【居中】按钮≡，

设置正标题居中对齐；选中副标题占位符，在【段落】组中单击【文本右对齐】按钮≡，设置副标题右对齐。

步骤 **02** 在幻灯片缩略图中选择第4张幻灯片，将其显示在幻灯片编辑窗口中，选中左侧的标题占位符，在【开始】选项卡的【段落】组中单击【对齐文本】按钮🔲，从弹出的菜单中选择【中部对齐】选项，设置标题文本中部居中对齐。

🎯 实战技巧

除了设置水平方向的对齐方式外，还可以设置垂直方向的对齐方式，在【段落】组中单击【对齐文本】按钮🔲，在弹出的菜单中选择垂直对齐方式，其中顶端控制段落朝占位符顶部对齐；中部对齐控制段落朝占位符中部对齐；底端对齐控制段落朝占位符底部对齐。

步骤 **03** 在幻灯片缩略图中选择第6张幻灯片，将其显示在幻灯片编辑窗口中，然后选中幻灯片中所有的文本框，在【开始】选项卡的【段落】组的单击【居中】按钮≡，设置文本框中的文本居中对齐。

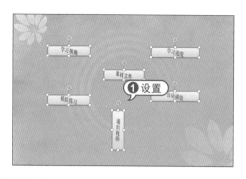

步骤04 在快速访问工具栏中单击【保存】按钮，保存"光盘策划提案"演示文稿。

2. 设置文本段落缩进

在PowerPoint 2013中，可以设置段落与占位符或文本框左边框的距离，也可以设置首行缩进和悬挂缩进。使用【段落】对话框可以准确地设置缩进尺寸，在【开始】选项卡的【段落】组中单击对话框启动器，将打开【段落】对话框，在该对话框中可以设置缩进值。

- →

【例3-8】在"光盘策划提案"演示文稿中，为幻灯片段落设置缩进方式。

[视频+素材] (源文件\第03章\例3-8)

步骤01 启动PowerPoint 2013应用程序，打开"光盘策划提案"演示文稿，在幻灯片缩略图中选中第2张幻灯片，将其显示在幻灯片编辑窗口中。

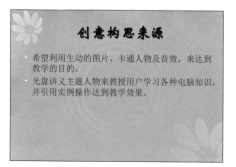

步骤02 选中文本框占位符，在【开始】选项卡的【段落】组中单击对话框启动器，打开【段落】对话框，打开【缩进和间距】选项卡，在【缩进】选项区域中，单击【特殊格式】下拉按钮，从弹出的下拉列表中选择【首行缩进】选项，并在其后的【度量值】微调框中输入"2厘米"。

步骤03 单击【确定】按钮，此时文本占位符中的段落文本将以首行缩进2字符显示。

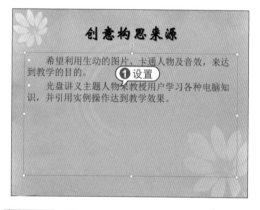

步骤04 使用同样的方法，设置第3张幻灯片的文本框中的文本段落首行缩进。

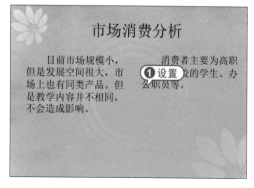

步骤05 在快速访问工具栏中单击【保

存】按钮 🔲，保存"光盘策划演示提案"演示文稿。

在【段落】对话框的【常规】选项区域中，单击【对齐方式】下拉按钮，从弹出的下拉列表中选择对齐方式，同样可以用来设置文本的水平对齐方式。

3. 设置文本段落间距

在PowerPoint 2013中，设置行距可以改变PowerPoint默认的行距，使演示文稿中的内容条理更为清晰。

选择需要设置行距的段落，在【开始】选项卡的【段落】组中单击【行距】按钮 ，在弹出的菜单中选择需要的命令即可改变默认行距。如果在菜单中选择【行距选项】命令，打开【段落】对话框。该对话框中的【间距】选项区域用来设置段落的行距。

【例3-9】在"光盘策划提案"演示文稿中，为幻灯片段落设置段落间距。

▶ 视频+素材 (源文件\第03章\例3-9)

步骤 01 启动PowerPoint 2013应用程序，打开"光盘策划提案"演示文稿，在幻灯片缩略图中选中第2张幻灯片，将其显示在幻灯片编辑窗口中。

创意构思来源

希望利用生动的图片、卡通人物及音效，来到教学的目的。

光盘讲义主题人物来教授用户学习各种电脑知识，并引用实例操作达到教学效果。

步骤 02 选中文本占位符，在【开始】选项卡的【段落】组中单击【行距】按钮 ，在弹出的下拉菜单中选择1.5选项，此时占位符中的文本将以1.5倍行距显示。

创意构思来源

希望利用生动的图片、卡通人物及音效，来到教学的目的。

光盘讲义主题人物来教授用户学习各种电脑知识，并引用实例操作达到教学效果。

步骤 03 在幻灯片缩略图中选择第3张幻灯片，将其显示在幻灯片编辑窗口中。

市场消费分析

目前市场规模小，但是发展空间很大，市场上也有同类产品。但是教学内容并不相同，不会造成影响。

消费者主要为高职高专类院校的学生、办公职员等。

步骤 04 同时选中左右两个文本占位符，在【段落】组中单击【行距】按钮 ，从菜单中选择【行距选项】命令，打开【段落】对话框。

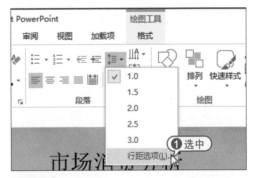

步骤 05 打开【缩进和间距】选项卡，在【间距】选项区域中单击【行距】下拉按钮，从弹出的下拉列表中选择【固定值】选项，并在其后的【设置值】微调框中输入"50磅"，单击【确定】按钮。

步骤 06 此时，文本占位符中的文本将以固定值50磅显示。

步骤 07 在快速访问工具栏中单击【保存】按钮💾，保存"光盘策划提案"演示文稿。

3.5 使用项目符号和编号

在PowerPoint 2013演示文稿中，为了使某些内容更为醒目，经常需要使用项目符号和编号。项目符号用于强调一些特别重要的观点或条目，从而使主题更加美观、突出；而使用编号，可以使主题层级更加分明、有条理。

3.5.1 添加常用项目符号

项目符号在演示文稿中使用频率很高，在并列的文本内容前都可添加项目符号，默认的项目符号以实心圆点形状显示。

要添加项目符号，首先将光标定位在目标段落中，在【开始】选项卡的【段落】组中单击【项目符号】按钮≣▾右侧的下拉箭头，打开项目符号菜单，在该菜单中选择需要使用的项目符号命令即可。若在项目符号菜单中选择【项目符号和编号】命令，将打开如下图所示的【项目符号和编号】对话框。

在【项目符号和编号】对话框中，可以根据需要单击选择其中的符号样式，该对话框中部分选项的功能介绍如下：

❯【大小】文本框。用于设置项目符号与正文文本的高度比例，以百分数表示。当该文本框中的值大于100%时，表示项目符号的高度将超过正文文本的高度。

❯【颜色】按钮。用于设置项目符号的颜色，单击该按钮将打开颜色面板。

【例3-10】在"光盘策划提案"演示文稿中，为幻灯片添加常用项目符号。

📹 视频+素材 (源文件\第03章\例3-10)

步骤 01 启动PowerPoint 2013应用程序，打开"光盘策划提案"演示文稿，在幻灯片缩略图中选中第7张幻灯片，将其显示在幻灯片编辑窗口中。

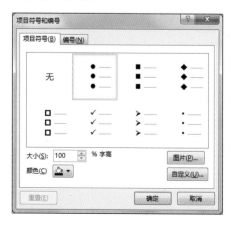

步骤 02 选中正文文本占位符，单击【项目符号】按钮的下拉按钮，在弹出的菜单中选择【项目符号和编号】命令，打开【项目符号和编号】对话框。

步骤 03 打开【项目符号】选项卡，选择【加粗空心方形项目符号】选项，在【大小】文本框中输入数字90，单击【颜色】按钮，在弹出的菜单中选择【深红】色块，单击【确定】按钮。

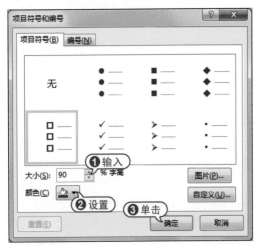

步骤 04 此时，所有设置完成，幻灯片的效果如下图所示。

实战技巧

当在PowerPoint 2013中建立项目符号或编号时，如果不想让某一段添加符号或编号，按下Shift+Enter组合键即可开始一个没有项目符号或编号的新行。

3.5.2 添加图片项目符号

PowerPoint 2013提供了图片项目符号功能，丰富了项目符号的形式，方便用户快速地为文本添加具有特殊效果的项目符号。在【项目符号和编号】对话框中单击【图片】按钮，将打开如下图所示的【图片项目符号】对话框。

该对话框的部分选项功能如下。

● 【来自文件】按钮。单击该按钮将打开电脑里【插入图片】对话框，用户可以将自定义图片设置为项目符号。

● 【Office.com剪贴画】文本框。此文本框中输入需要搜索的关键词，单击【搜索】按钮，搜索出的图片是Office剪辑库中的图片，符合条件的结果将显示在对话框的列表窗口中。

● 【必应Bing图像搜索】文本框。此文本框中同样要输入需要搜索的关键字，单击【搜索】按钮，则符合条件的结果将显示在对话框的列表窗口中，搜索出的图片是来自Web的图片。

3.5.3 自定义项目符号

在PowerPoint 2013中，除了系统提供的项目符号和图片项目符号外，还可以将系统符号库中的各种字符设置为项目符号。在【项目符号和编号】对话框中单击【自定义】按钮，将打开【符号】对话框。

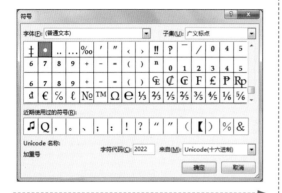

【例3-11】在"光盘策划提案"演示文稿中，为文本添加自定义项目符号。

[视频+素材] (源文件\第03章\例3-11)

[步骤 01] 启动PowerPoint 2013应用程序，打开"光盘策划提案"演示文稿，在幻灯片缩略窗口中选择第4张幻灯片，将其显示在幻灯片编辑窗口中。

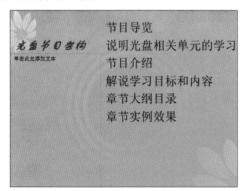

[步骤 02] 选中正文文本占位符，单击【项目符号】右边的下拉按钮，在弹出的菜单中选择【项目符号和编号】命令，打开【项目符号和编号】对话框，选择【带填充效果的大圆形项目符号】选项，单击【自定义】按钮，即可打开【符号】对话框。

[步骤 03] 打开【符号】对话框，在【子集】下拉列表框中选择【基本拉丁语】选项，在符号列表中选择Q符号，单击【确定】按钮。

[步骤 04] 返回【项目符号和编号】对话框，单击【颜色】按钮，从弹出的颜色面板中选择【绿色】色块，单击【确定】按钮，幻灯片效果如下图所示。

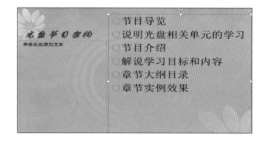

3.5.4 添加编号

在PowerPoint 2013中，可以为不同级别的段落设置编号。在默认状态下，项目编号是由阿拉伯数字构成，在【开始】选项卡的【段落】组中单击【项目符号】按钮 三· 右侧的下拉箭头，在弹出的编号菜单中选择内置的编号样式。

PowerPoint还允许用户使用自定义编号样式。打开【项目符号和编号】对话框的【编号】选项卡，可以根据需要选择和设置编号样式。

【例3-12】在"光盘策划提案"演示文稿中，为幻灯片的文本添加自定义项目符号和编号。

📹 视频+素材 (源文件\第03章\例3-12)

步骤 01 启动PowerPoint 2013应用程序，打开"光盘策划提案"演示文稿，在幻灯片缩略图中选中第3张幻灯片，将其显示在幻灯片编辑窗口中。

市场消费分析

目前市场规模小，但是发展空间很大，市场上也有同类产品。但是教学内容并不相同，不会造成影响。

消费者主要为高职高专类院校的学生、办公职员等。

步骤 02 选中左右两个文本占位符，在【开始】选项卡的【段落】组中单击【项目符号】按钮右侧的下拉箭头，从弹出的菜单中选择【项目符号和编号】命令，打开【项目符号和编号】对话框，单击【图片】按钮。

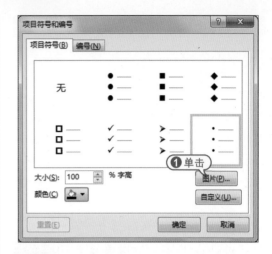

步骤 03 打开【插入图片】对话框，在【Office com剪贴画】文本框中，输入"花朵"关键字，单击搜索按钮 🔍，此时，搜索结果将显示在列表窗口中，选择一种图片，单击【插入】按钮。

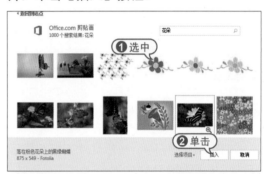

步骤 04 此时，幻灯片中文本占位符中的文本将以图片项目符号的方式显示。

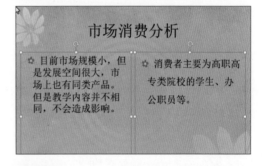

步骤 05 在幻灯片缩略图中选择第4张幻灯片，将其显示在幻灯片编辑窗口中，在文本占位符中选取第2、、第4、第6段文本，在【段落】组中单击【提高列表级别】按钮 三，即可将项目符号的级别降

一级。

步骤 06 选取第1、第3、第5段文本，在【开始】选项卡的【段落】组中单击【编号】按钮 右侧的下拉箭头，在弹出的编号菜单中选择【项目符号和编号】命令。

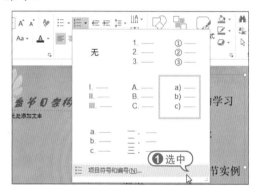

步骤 07 打开【项目符号和编号】对话框的【编号】选项卡，选择一种编号样式，单击【颜色】下拉按钮，在弹出的颜色面

板中选择【绿色】色块，单击【确定】按钮。

步骤 08 此时，幻灯片中的项目符号将自动替换为置换后的编号。

步骤 09 在快速访问工具栏中单击【保存】按钮，保存"光盘策划提案"演示文稿。

3.6 实战演练

　　本章的实战演练部分主要介绍文本和段落的格式化设置，包括设置文本格式、段落对齐、段落缩进、段落间距以及项目符号和编号等。用户可以通过练习可巩固本章所学的知识。

【例3-13】使用文本和段落的处理功能来制作演示文稿"旅行社宣传"。

视频+素材 (源文件\第03章\例3-06)

步骤 01 启动PowerPoint 2013应用程序，打开一个空白演示文稿，单击【文件】按钮，在打开的界面中选择【新建】选项，

在右边搜索框中输入"麦田设计模板"字样，单击【创建】按钮。

麦田设计模板

步骤 02 此时，即可新建一个基于模板的演示文稿，在快速访问工具栏中单击【保存】按钮，以"旅行社宣传"为名保存。

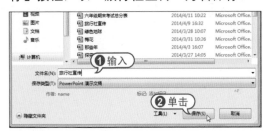

步骤 03 打开第1张幻灯片，在【单击此处添加标题】占位符中输入文字"彩云间旅行社"，在"单击此处添加副标题"占位符中输入2行文字。

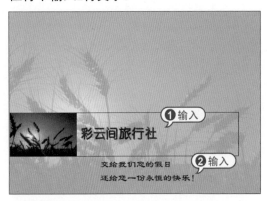

步骤 04 设置标题文字字体为【华文彩云】，字号为54，字型为【加粗】，字体效果为【阴影】；设置副标题文字字体为【楷体】，字号为28，并调整两个文本占位符的位置。

步骤 05 选中【单击此处添加副标题】文本占位符，在【开始】选项卡的【段落】

组中单击【行距】按钮右侧的下拉箭头，在弹出的菜单中选择【行距选项】命令；打开【段落】对话框，在【间距】选项区域的【行距】下拉列表中选择【固定值】选项，在【设置值】文本框中输入数字"50磅"，单击【确定】按钮，完成行间距的设置。

步骤 06 选中文字"交给我们您的假日"，单击【段落】组中的【左对齐】按钮，将该行文字向左对齐于占位符的左边框。

步骤 07 在【插入】选项卡中点击【新建幻灯片】按钮，新建一张默认的幻灯片。将其显示在幻灯片编辑窗口中，在【单击

此处添加标题】文本占位符中输入标题文字，设置标题字体为【幼圆】，字号为44，字型为【加粗】，字体效果为【阴影】；在【单击此处添加文本】文本占位符中输入文本内容，设置字体为【华文楷体】，字号为36。

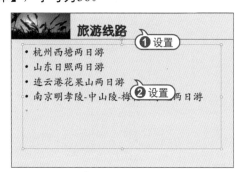

步骤 08 选中【单击此处添加文本】文本占位符，在【段落】组中单击【项目符号】按钮右侧的箭头，在弹出的菜单中选择【项目符号和编号】命令，打开【项目符号和编号】对话框，单击【自定义】按钮，打开【符号】对话框，选择所需要的符号样式，单击【确定】按钮。

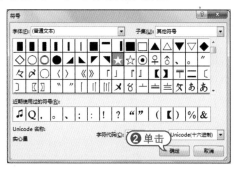

步骤 09 返回值【项目符号和编号】对话框，单击【颜色】按钮，在弹出的颜色面板中选择【深红】色块，单击【确定】按钮。

步骤 10 此时，在幻灯片中显示自定的项目符号效果。

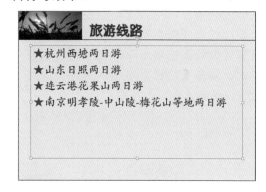

步骤 11 在【开始】选项卡的【幻灯片】组中单击【新建幻灯片】按钮，添加一张空白幻灯片，在幻灯片两个文本占位符中输入文字，设置标题文字字体为【华文琥珀】，字号为54，设置【单击此处添加文本】占位符中的文字，字号为28，拖动占位符的右边框，缩小该占位符。

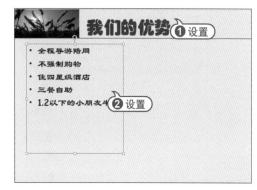

步骤 12 在缩小后的占位符右侧复制粘贴一个同样大小的文本占位符；修改占位符中的文字，并调整占位符在幻灯片中的位置。

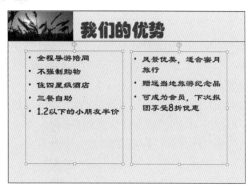

步骤 13 选中左侧的文本占位符，在【段落】组中单击【编号】按钮右侧的箭头，在弹出的菜单中选择【项目符号和编号】命令，打开【项目符号和编号】对话框，打开【编号】选项卡，选择一种项目符号样式，单击【颜色】按钮，选择【深红】色块，单击【确定】按钮。

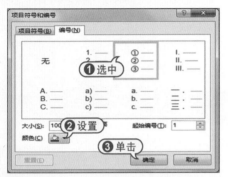

步骤 14 此时，效果如下图所示。

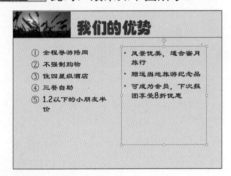

步骤 15 选中右侧的文本占位符，打开

【项目符号和编号】对话框的【编号】选项卡，选中同样的编号样式，设置颜色依然为【深红】，在【开始于】文本框中输入数字6，单击【确定】按钮。

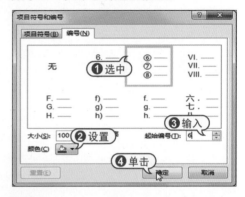

步骤 16 此时，右侧文本占位符中的文本将以起始号6开始编号

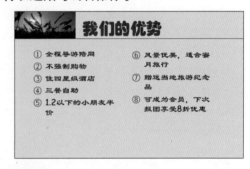

步骤 17 在快速访问工具栏中单击【保存】按钮，保存"光盘策划提案"演示文稿。

专家答疑

>> 问：如何在PowerPoint 2013中从外部导入文本到幻灯片中？

答：从外部导入文本到幻灯片中是制作演示文稿经常使用的方法之一。当有大量文本内容需要放入到幻灯片中时，该方法提高了制作演示文稿的准确定和快捷性。在PowerPoint 2013幻灯片中，选中【单击此处添加文本】文本占位符，按下Delete键将其删除。打开【插入】选项卡，在【文本】组中单击【对象】按钮，打开【插入对象】对话框。选择【由文件创建】单选按钮，单击【浏览】按钮，打开【浏览】对话框。在该对话框中选择要插入的文本文件，单击【确定】按钮，此时【插入对象】对话框的【文件】文本框中将显示该文本文档的路径。单击【确定】按钮，此时幻灯片中显示导入的文本文档。将鼠标指针移动到该文档边框的右下角，当鼠标指针变为↖形状时，拖动导入的文本框，调整其大小。

>> 问：如何在PowerPoint 2013清除幻灯片中的格式？

答：PowerPoint提供了【清除格式】按钮，允许用户清除所有应用于字体的格式信息，将其转换为无格式文本。选中文本占位符，在【开始】选项卡的【字体】组中单击【清除格式】按钮，清除文本的格式，此时将显示默认文本格式。

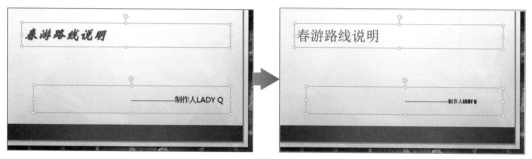

>> 问：如何在PowerPoint 2013中设置换行格式？

答：设置换行格式可以使文本以用户规定的格式分行。在【开始】选项卡的【段落】组中单击对话框启动器，打开【段落】对话框，切换到【中文版式】选项卡，在【常规】选项区域中可以设置段落的换行格式。选中【允许西文在单词中间换行】复选框，可以使行尾的单词有可能被分为两部分显示，选中【允许标点溢出边界】复选框，可以使行尾的标点位置超过文本框边界而不会换到下一行。

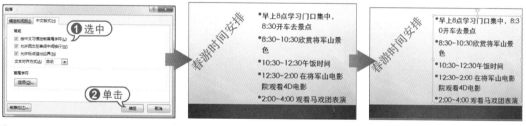

>> 问：如何在PowerPoint 2013中设置特殊文本格式？

答：在PowerPoint 2013中，用户除了可以设置最基本的文字格式外，还可以在【开始】选项卡的【字体】组中选择相应按钮来设置文字的其他特殊效果，例如添加删除线、下划线、加粗等。单击【字体】组中的对话框启动器，打开【字体】对话框的【字体】选项卡，在其中也可以设置更多的特殊的文本格式和文本效果，例如上标、下标、小型大写字母、全部大写等。

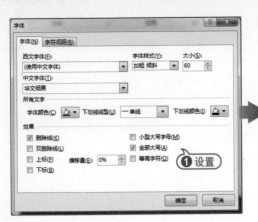

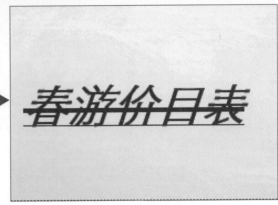

>> 问：如何删除编号与项目符号？

答：删除编号与删除项目符号的方法相同，将光标定位到指定段落，在【项目符号和编号】对话框的【编号】选项卡中选择【无】选项即可。

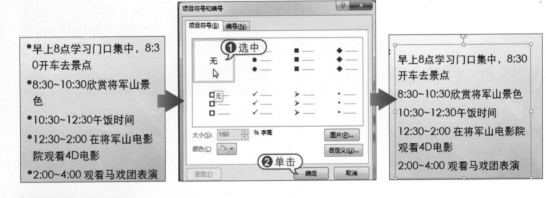

读书笔记

第4章

在幻灯片中创建与编辑表格

　　表格是组织数据最有用的工具之一，能够以易于理解的方式显示数字或者文本。本章主要介绍创建表格的方法，以及编辑、美化表格等操作。

4.1　在幻灯片中创建表格

在多媒体演示文稿中，有些数据很难通过文字、图片、图形等来表达，如销售数据报表中的数据、生产报表或财务预算等，然而这些数据用表格来表达却可以一目了然。PowerPoint 2013为用户提供了表格处理工具，可以方便地在幻灯片中插入表格，然后在其中输入数据。

4.1.1　快速插入表格

将不同颜色数据项插入到表格中显示出来，能够使读者更能理解它们的关系，因此，学习在幻灯片中快速插入表格是十分必要的。

1. 通过占位符插入表格

当幻灯片版式为内容版式或文字和内容版式时，可以通过幻灯片的项目占位符中的【插入表格】按钮来创建。在PowerPoint 2013中，单击占位符中的【插入表格】按钮，打开【插入表格】对话框，在【列数】和【行数】文本框中输入列数和行数，单击【确定】按钮，即可快速插入表格。

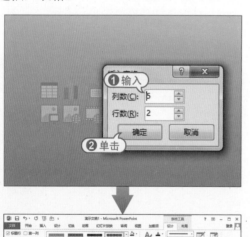

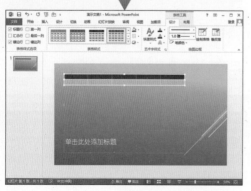

2. 通过【表格】组插入表格

除了可以通过占位符插入表格外，还可以通过【表格】组插入，方法有以下三种。

> 打开【插入】选项卡，在【表格】组中单击【表格】下拉按钮，从弹出的下拉列表中选择列数和行数，即可在幻灯片中插入表格。

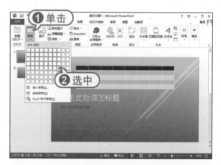

> 打开【插入】选项卡，在【表格】组中单击【表格】下拉按钮，从弹出的下拉列表中选择【插入表格】命令，打开【插入表格】对话框，在【列数】和【行数】文本框中输入列数和行数，单击【确定】按钮，即可在幻灯片中插入表格。

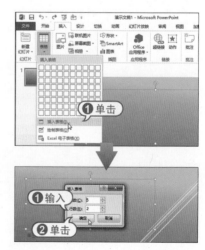

◎ 在【表格】下拉菜单中选择【插入Excel电子表格】命令，即可在幻灯片中插入一个Excel电子表格。

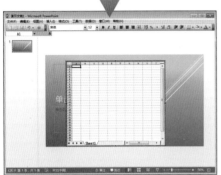

知识点滴

在幻灯片中插入的Excel电子表格与普通表格的区别是：Excel电子表格可以进行排序、计算、使用公式等操作，而普通表格却无法做这些操作。另外，使用【复制】和【粘贴】命令，可将Word创建的表格粘贴至幻灯片中使用。

4.1.2 手动绘制表格

如果PowerPoint所提供的插入表格的功能难以满足用户需求，那么可以通过PowerPoint 2013的绘制表格功能来解决一些实际问题。

【例4-1】新建以"销售业绩报表"为名的演示文稿，在幻灯片中创建表格。

📹(视频+素材) (光盘素材\第04章\例4-1)

步骤 **01** 启动PowerPoint 2013，新建一个

模板为"扇面"的演示文稿，并以"销售业绩报表"为名保存，将该文稿在第1张幻灯片的【单击此处添加标题】占位符中输入"一分之一服装店"，在【单击此处添加副标题】占位符中输入"二零一四年下半年运营统计"。

步骤 **02** 设置标题文字字体为【华文隶书】，字号为60，字体颜色为【黄色】；设置副标题文字型为【加粗】、【阴影】、对齐方式为【右对齐】。

步骤 **03** 新建一张仅带标题的幻灯片，在【单击此处添加标题】占位符中输入"下半年度主要商品销售额"，设置其字体为【华文新魏】，字号为44，字体颜色为【白色】，调整占位符位置。

步骤 **04** 在【插入】选项卡中单击【表

格】下拉按钮，从弹出的下拉菜单中选择【绘制表格】命令，当光标变成 ⬝ 形状时，拖动鼠标，绘制表格的外框。

步骤 05 此时，功能区将出现【设计】选项卡，选择【设计】选项卡，在【绘制边框】组中单击【绘制表格】按钮，将光标移至表格内部，绘制出表格的行和列。

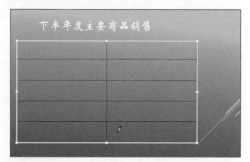

步骤 06 在快速访问工具栏中单击【保存】按钮 🖫，保存"销售业绩报告"演示文稿。

🔖 实战技巧

在绘制表格的行和列时，要将光标移至表格的内部绘制，否则有可能绘制出表格的外边框。

4.1.3 在表格中输入文本

创建完表格后，光标将停留在任意一个单元格中，用户可以在其中输入文本。输入完一个单元格内容后可以按Tab键或者键盘上的【↑】、【↓】、【←】、【→】键切换到其他单元格中继续输入文本。

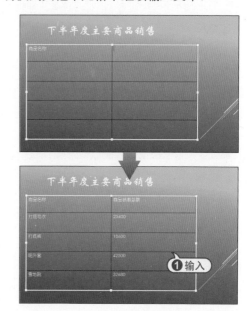

4.2 设置表格文本属性

当编辑完表格后，为了增强表格的美观性，还需要完善表格的视觉效果，如表格的字体格式、文本对齐方式等。本章将具体讲解设置表格文本格式的方法。

4.2.1 设置文本字体格式

设置文本字体格式是指设置表格中内容的字体、字号、字形及颜色等属性，一般在【开始】选项卡的【字体】组中完成，也可以在选中文本后单击右键，从弹出的【格式】浮动工具栏中完成。

【例4-2】在"销售业绩报表"演示文稿中，设置文本字体格式。

▶视频+素材 (光盘素材\第04章\例4-2)

步骤 **01** 启动PowerPoint 2013应用程序，打开"销售业绩报表"演示文稿，选中第2张幻灯片，将其显示在幻灯片编辑框中。

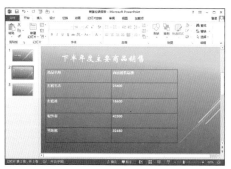

步骤 **02** 选中表格的第1行文本，在【开始】选项卡的【字体】组中设置字体为【黑体】，字号为28，字形为【加粗】、【阴影】，效果如下图所示。

步骤 **03** 选中表格左半边的第2行至第5行，单击右键，从弹出的【格式】浮动工具栏中设置字体为【华文细黑】，字号为20，单击【字体颜色】下拉按钮，从弹出的颜色面板中选择【黑色】色块。

步骤 **04** 在快速访问工具栏中单击【保存】按钮💾，保存"销售业绩报告"演示文稿。

4.2.2 设置文本对齐方式

设置文本对齐方式，可以规范表格中的文本，使表格外观整齐、美观。在表格中，文本默认是左上侧对齐，如果设置对齐方式，可以通过【布局】选项卡的【对齐方式】组来完成文本对齐方式的设置。

【例4-3】在"销售业绩报表"演示文稿中，设置文本对齐方式。

▶视频+素材 (光盘素材\第04章\例4-3)

步骤 **01** 启动PowerPoint 2013应用程序，打开"销售业绩报表"，选择第2张幻灯片，将其显示在幻灯片编辑框中，选中表格第1行。

步骤 **02** 打开【表格工具】的【布局】选项卡，在【对齐方式】组中单击【居中】按钮，此时，表格第1行文本居中显示。

步骤 **03** 选中第2行至第5行文本，在【布局】选项卡的【对齐方式】组中，单击【居中】按钮和【垂直对齐】按钮，此时所有选中的文本将以居中垂直对齐显示。

步骤 04 在快速访问工具栏中单击【保存】按钮，保存"销售业绩报告"演示文稿。

选择表格中的文本后，打开【表格工具】的【布局】选项卡，在【对齐方式】组中，单击【文字方向】下拉按钮，从弹出的下拉菜单中选择对应文字方向，如横排、竖排、所有文字旋转90°或270°、堆积等，即可快速地应用系统预设的文字方向。

4.3 应用表格样式

在幻灯片中，用户可以通过设置表格的背景样式，设置表格填充颜色、设置表格边框的样式，来达到美化表格的效果。

4.3.1 选择表格背景

在一张幻灯片中，为了让表格更吸引观众眼球，可以使用设置表格背景的方法，使表格和幻灯片的颜色对比更加强烈，让观众把关注的焦点放在表格上。

【例4-4】在"销售业绩表"演示文稿中，设置表格背景颜色。

(视频+素材)(光盘素材\第04章\例4-4)

步骤 01 启动PowerPoint 2013应用程序，打开"销售业绩表"演示文稿，选中第2张幻灯片，将其显示在幻灯片编辑框中，然后选中整个表格。

步骤 02 选择【设计】选项卡，单击【底纹】按钮右侧的下拉箭头，选择【表格背景】选项，在弹出的【主题颜色】菜单

中，选择【深绿，着色4，淡色40%】选项，设置后的效果如下图所示。

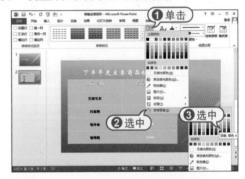

步骤 03 在快速访问工具栏中单击【保存】按钮，保存"销售业绩报告"演示文稿。

4.3.2 设置表格底纹

为了在表格中突出数据，使得该表格的目的性更强，用户可以通过【设计】选项卡的【底纹】下拉列表和右击表格选择【设置形状格式】选项来设置底纹。

【例4-5】在"销售业绩表"演示文稿中，设置表格底纹样式。

(视频+素材)(光盘素材\第04章\例4-5)

步骤 01 启动PowerPoint 2013应用程序，

打开"销售业绩报表",选中第2张幻灯片,将光标定位在表格的第2行第2列单元格中,在【设计】选项卡中单击【底纹】下拉按钮,选择【纹理】选项。

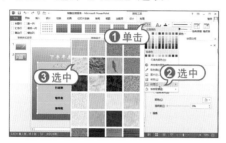

步骤 02 选择【水滴】选项,则该单元格数据将被突出显示,设置效果如下图所示。

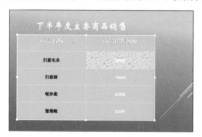

步骤 03 将光标定位在表格的第4行第1列单元格中,右击鼠标选择【设置形状格式】选项。

步骤 04 在弹出的【设置形状格式】窗格中,打开【填充】下拉列表,选择【渐变填充】选项,将【类型】设置为【路径】,颜色设置为【橙色】并且调整渐变光圈。

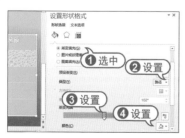

步骤 05 此时,该表格效果如下图所示。

步骤 06 在快速访问工具栏中单击【保存】按钮🔲,保存"销售业绩报告"演示文稿。

4.3.3 选择表格边框

PowerPoint 2013提供了多种表格样式供用户使用。如果需要表格更加个性化,可以对边框粗细,边框样式,边框颜色进行设置。

【例4-6】在"销售业绩报表"演示文稿中,设置表格边框。

(视频+素材)(光盘素材\第04章\例4-6)

步骤 01 启动PowerPoint 2013应用程序,打开"销售业绩报表",选中第2张幻灯片,将其显示在幻灯片编辑框中,选择整个表格,选择【设计】选项卡的【绘图边框】组,单击【笔样式】右侧的下拉按钮,在弹出的下拉列表中选择【点线】选项。

步骤 02 单击【壁画粗细】右侧的下拉按钮,在弹出的下拉列表中选择【3磅】选项。

步骤 03 单击【笔颜色】右侧的下拉按钮，在弹出的【主题颜色】下拉列表中选择【红色】选项。

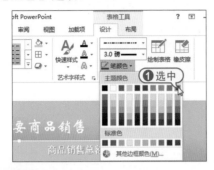

步骤 04 选择【设计】选项卡，在【设计】选项卡的【表格样式】组里单击田▾按钮，在弹出的下拉列表中选择【所有框线】选项。

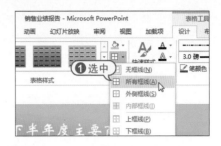

步骤 05 此时，该表格的效果如下图所示。

4.4 实战演练

本章的实战演练部分包括在幻灯片中导入Word表格及其他软件中的表格和制作日历等几个综合实例操作，用户通过练习可以巩固本章所学知识。

4.4.1 从外部导入表格

PowerPoint 2013功能相当强大，为了制作方便，可以直接从外部导入已经制作好的表格。

【例4-7】在"销售业绩报表"演示文稿中，从外部导入表格。

▶视频+素材 (光盘素材\第04章\例4-7)

步骤 01 启动PowerPoint 2013应用程序，打开"销售业绩报表"演示文稿，新建一张幻灯片。

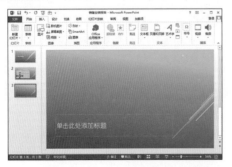

步骤 02 打开Word文档，复制已经制作好的表格。

步骤 03 返回至需要导入表格的幻灯片，右击鼠标，在【粘贴选项】中选择【保留源格式】选项并调整表格大小，效果如下图所示。

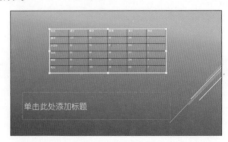

步骤 04 选择需要导入表格的幻灯片，在【插入】选项卡的【文本】组中，单击【对象】按钮，打开【插入对象】对话框，选中【由文件创造】单选按钮，然后单击【浏览】按钮打开对话框选择文档，最后单击【确定】按钮。

步骤 05 此时，使用【插入对象】对话框导入表格的效果如下图所示。

步骤 06 对于导入其他软件里的表格，首先打开表格所在的文档，复制该表格，然后打开演示文稿，选择需要导入表格的幻灯片，在【开始】选项卡的【剪贴板】组中单击【粘贴】按钮的下拉列表，选择【选择性粘贴】选项，打开对话框设置粘贴即可。

4.4.2 制作日历

本实例通过制作日历，巩固本章所学的绘制表格、设置底纹等知识点，使用户对本章内容有更深刻的了解。

【例4-8】在PowerPoint 2013中，制作"2014-04日历"演示文稿。

📹 视频+素材 (光盘素材\第04章\例4-8)

步骤 01 启动PowerPoint 2013应用程序，创建一个以"环保"为模板的演示文稿，新建一张"仅标题"的幻灯片，将其以"2014-04日历"为名保存。

步骤 02 在【单击此处添加标题】占位符中输入"2014-04"，设置其字体为【华文行楷】、字号为66，字形为【加粗】、【阴影】，对齐方式为【居中】。

步骤 03 选择【插入】选项卡，在【表格】组里单击【表格】下拉按钮，选择【插入表格】选项，在【插入表格】对话框中，列数输入"7"，行数输入"6"，调整表格大小和位置。

步骤 04 在表格中输入文本，选中第1行，然后在【开始】选项卡的【字体】组里，设置字体为【华文新魏】，字号为24，对齐方式为【居中】，选中第2至第6行，设置字体为【隶书】，字号为20，对齐方式为【左对齐】。

步骤 05 选中第1列的数字日期，单击【字体】组里的【字体颜色】下拉按钮，选择【红色】色块，以同样的方法，将第7列的数字日期，设置成红色。

步骤 06 选中整个表格，在【设计】选项卡的【绘图边框】组中设置【笔画粗细】为2.25磅，【笔颜色】为"灰色-80%，文字2，淡色50%"，在【表格样式】组里单击田▼按钮，选择【所有框线】。

步骤 07 将光标定位在5号单元格，右击鼠标右键选择【设置形状格式】选项。

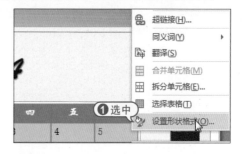

步骤 08 在打开的【设置形状格式】窗格中，单击【填充】下拉按钮，在【填充】下拉菜单中选中【图片或纹理填充】选项，然后单击【文件】按钮。

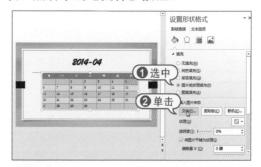

步骤 09 在【插入图片】对话框中，找到合适的图片，单击【插入】按钮。

步骤 10 此时，插入自定义的效果如下图所示。

步骤 11 选中14、15、16三个单元格，打开【布局】选项卡，在【合并】组中单击【合并单元格】按钮，即可快速合并单元格。

步骤 12 调整数字的位置，输入文本，此时，该表格的效果如下图所示。

步骤 13 在快速访问工具栏中单击【保存】按钮🔲，保存"2014-04日历"演示文稿。

4.4.3 添加斜线和修改内边距

如果要为表格添加斜线、调整内边距和对齐方式，可以按照下述步骤进行操作。

【例4-9】为"2014-04日历"演示文稿中的表格添加斜线。

▶️视频+素材 (光盘素材\第04章\例4-9)

步骤 01 启动PowerPoint 2013应用程序，打开"2014-04日历"演示文稿，按Enter键，新建一张空白幻灯片。

步骤 02 在【单击此处添加标题】占位符中输入"公司活动计划"，设置其字体为【华文行楷】，字号为44，字形为【加粗】、【阴影】，对齐方式为【居中】。

步骤 03 选择【插入】选项卡，在【表格】组里单击【表格】下拉按钮，在弹出的【插入表格】菜单中拖动鼠标选择【6*6表格】选项，在幻灯片中插入表格，并调整其大小和位置。

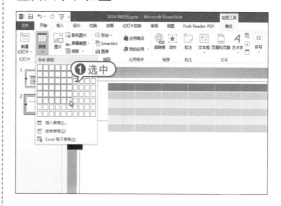

步骤 04 选定需要绘制斜线的单元格，单击【表格工具】的【设计】选项卡，然后单击【表格样式】组中【线框】右侧的下拉箭头，从弹出的下拉列表中选择【斜下框线】选项。

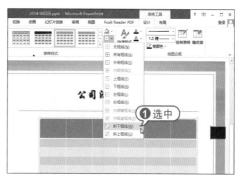

步骤05 此时，对当前幻灯片添加斜线的效果如下图所示。

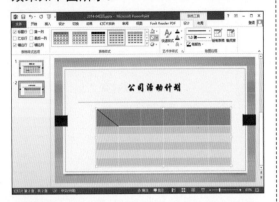

步骤06 在表格中填入文本，设置文本的字体为【隶书】，字号为24，此时，添加了文本的幻灯片效果如下图所示。

步骤07 选中表格，单击【布局】选项卡，在【布局】选项卡的【对齐方式】组中单击【单元格边距】下拉箭头，在弹出的下拉列表中选择【自定义边距】选项。

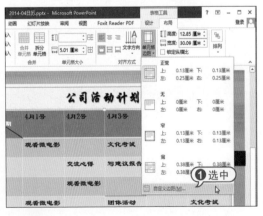

步骤08 打开【单元格文本】对话框，在【文字版式】区域中设置【垂直对齐方

式】为【中部】，然后在【内边距】组中的【向左】文本框中输入0.4厘米，单击【确定】按钮完成设置。

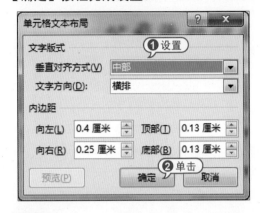

步骤09 此时，设置了内边距的幻灯片效果如下图所示。

步骤10 选中表格，选择【布局】选项卡，在【布局】选项卡的【行和列】组中，单击【在下方插入】按钮。

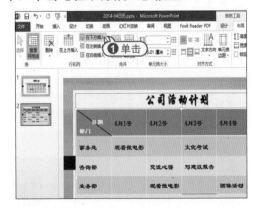

步骤11 此时，即可在表格的下方插入一行表格。

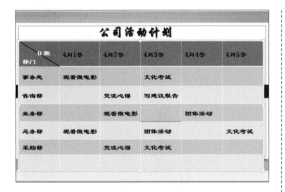

步骤 12 选中最后一行表格,选择【布局】选项卡,在【布局】选项卡的【合并】组中单击【合并单元格】按钮。

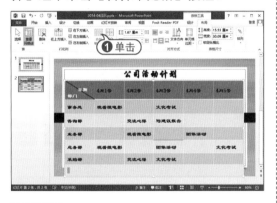

步骤 13 在最后一行表格中输入文本,设置其字体为【华文行楷】,字号为44,字体颜色为【黑色】,字形为【加粗】、【阴影】,对齐方式为【居中】,此时,该幻灯片的效果如下图所示。

步骤 14 在快速访问工具栏中单击【保存】按钮日,保存"2014-04日历"演示文稿。

4.4.4 制作图表

与文字数据相比,形象直观的图表更容易让人理解。

【例4-10】在"销售业绩报表"演示文稿中插入图表。

(视频+素材)(光盘素材\第04章\例4-10)

步骤 01 启动PowerPoint 2013应用程序,打开"销售业绩报表"演示文稿,新建一张只有标题占位符的幻灯片,将其显示在幻灯片编辑窗口中。

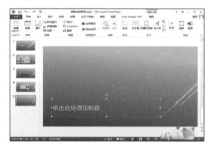

步骤 02 在【单击此处添加标题】占位符中输入文本,设置其字体为【华文新魏】,字体颜色为【白色】,并调整占位符的位置。

步骤 03 打开【插入】选项卡,在【插图】组中单击【图表】按钮,打开【插入图表】对话框。

步骤 04 打开【饼图】选项卡，在右侧【饼图】选项区域中选择一种样式，单击【确定】按钮。

步骤 05 插入图表后，此时系统启动Excel 2013显示图表反映的数据。

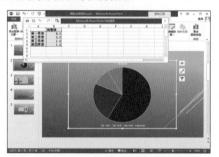

步骤 06 在Excel 2013中输入需要在图表中表现的数据，拖动蓝色框线调节显示区域。

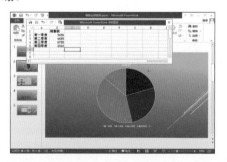

步骤 07 返回到幻灯片编辑窗口，即可显示编辑数据后的图表。

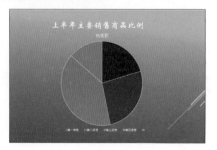

步骤 08 选中图表，当光标变成 形状时，按住鼠标左键不放进行拖动，移动到合适位置后释放鼠标即可调节图表位置。

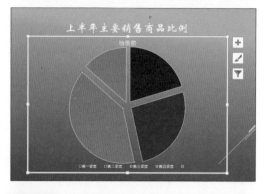

步骤 09 打开【图表工具】的【设计】选项卡，在【图表布局】组中单击【快速布局】按钮，在弹出的列表框中选择【布局6】选项。

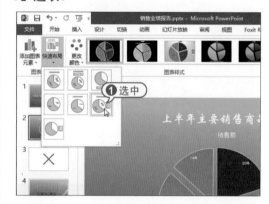

步骤 10 此时，图表自动应用该图表布局样式，拖动图表区域中百分比文本框，调节其至合适的位置。

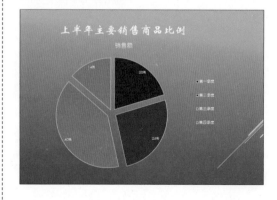

专家答疑

>> 问：如何调整表格的行高和列宽？

答：在PowerPoint 2013中调整表格的行高和列宽的方法有两种。最经常使用的方法是第1种，即用鼠标拖动调整行高和列宽，将光标移至表格的行或列边界上，当光标变为双向箭头形状 ↔ 或 ↕ 时，拖动鼠标即可调整列或宽行高。

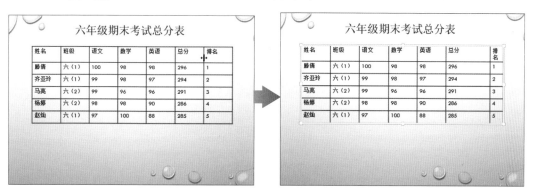

第二种方法是将光标定位在需要调整行高和列宽的单元格内，打开【布局】选项卡，在【单元格大小】组的【表格行高度】和【表格列宽度】微调框中输入相应的数值，即可快速调整表格的行高和列宽。

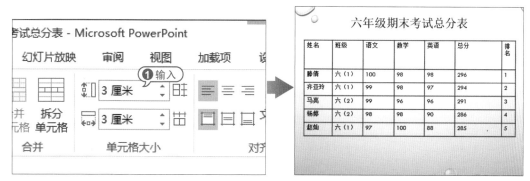

>> 问：如何应用内置表格样式？

答：应用内置表格样式的方法很简单。选中表格后，打开【表格工具】的【设计】选项卡，在【表格样式】组中单击【其他】按钮，从弹出的下拉列表中选择一种内置的表格样式，即可为表格自动套用该样式。

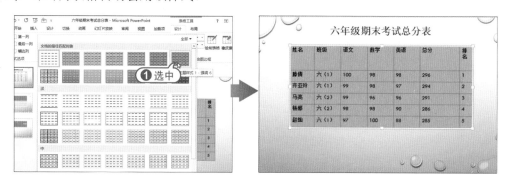

>> 问：如何在PowerPoint 2013中导入Excel电子表格？

　　答：要从外部导入制作好的Excel电子表格，首先选择要导入表格的幻灯片，打开【插入】选项卡，在【文本】组中单击【对象】按钮，打开【插入对象】对话框，选中【由文件创建】单选按钮，然后单击【浏览】按钮，在打开的【浏览】对话框中选择包含表格的Excel文档，单击【确定】按钮，返回【插入对象】对话框，单击【确定】按钮，即可导入Excel文档的表格。

读书笔记

第5章

在幻灯片中插入与处理图形

　　PowerPoint 2013提供了大量的剪贴画，用户还可以从本地磁盘插入图片到幻灯片中，使用它们可以丰富幻灯片的版面效果。此外，使用PowerPoint 2013的绘图工具和SmartArt图形工具可以绘制各种简单的基本图形和复杂多样的结构图形效果。

5.1 在幻灯片中使用艺术字

艺术字是一种特殊的图形文字，常被用来表现幻灯片的标题文字。用户既可以像对普通文字一样设置其字号、加粗、倾斜等效果，也可以像图形对象那样设置它的边框、填充等属性，还可以对其进行大小调整、旋转或添加阴影、三维效果等操作。

5.1.1 插入艺术字

艺术字是一个文字样式库，可以将艺术字添加于文档中，从而制作出装饰性效果。在PowerPoint 2013中，打开【插入】选项框，在【文本】组中单击【艺术字】按钮，在弹出的下拉列表中选择需要的样式，可以在幻灯片中插入艺术字。

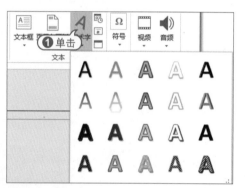

【例5-1】新建一个演示文稿，在幻灯片中插入艺术字。

📹 (视频+素材) (光盘素材\第05章\例5-1)

步骤 01 启动PowerPoint 2013应用程序，根据需要选择相应的模板，新建一个演示文稿，将该演示文稿以"艺术字操作"为名保存。

步骤 02 删除【单击此处添加标题】占位符，选择【插入】选项卡的【文本】组，单击【艺术字】按钮，从弹出的艺术字样式列表中选择【渐变填充-粉红，着色1，反射】样式，将其应用在幻灯片中。

步骤 03 删除占位符里的文字，在占位符中输入文字"喜笑颜开"，并将其拖动到幻灯片的标题位置。

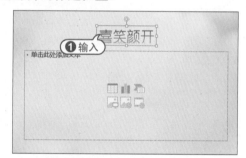

🔅知识点滴

除了直接插入艺术字外，用户还可以将文本转换成为艺术字，方法很简单，选择要转换的文本，在【插入】选项卡的【文本】组中单击【艺术字】下拉按钮，从弹出的艺术字样式列表框中选择需要的样式即可。

步骤 04 在【单击此处添加文本】占位符中输入文本，选中需要转换的文本，在【插入】选项卡的【文本】组里，单击【艺术字】按钮，从弹出的艺术字样式列表中选择【图案填充-粉红，着色1，50%，清晰阴影-50%】选项。

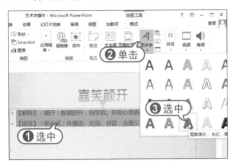

步骤 05 在【开始】选项卡的【字体】组中，设置艺术字的字体为【华文新魏】，字号为32。

步骤 06 删除原有文本，调整艺术字占位符的位置，最终效果如下图所示。

步骤 07 在快速访问工具栏中单击【保存】按钮，保存"艺术字操作"演示文稿。

5.1.2 设置艺术字格式

为了使艺术字的效果更加美观，可以对艺术字格式进行相应的设置，如艺术字的大小、艺术字样式、形状样式等属性。

1. 设置艺术字大小

选择艺术字后，在【格式】选项卡的【大小】组的【形状高度】和【形状宽度】文本框中输入精确的数据即可。

选择需要设置属性的艺术字文本，在浮动工具栏中可以设置字体、字号和颜色。当用户为文本设置字体大小时，对应的艺术字大小也随着文字大小的改变而改变。

2. 设置艺术字样式

设置艺术字样式包含更改艺术字样式、文本效果、文本填充颜色和文本轮廓等操作。通过在【格式】选项卡的【艺术字样式】组中单击相应的按钮，执行对应的操作。

【例5-2】在"艺术字操作"演示文稿中，设置艺术字形状样式。

（视频+素材）(光盘素材\第05章\例5-2)

步骤 01 启动PowerPoint 2013应用程序，打开"艺术字操作"演示文稿，在幻灯片缩略图中选中第1张，将其显示在幻灯片编辑窗口。

步骤 02 选中正文文本艺术字，在弹出的【格式】浮动工具栏中，将艺术字字号改为40，并调整艺术字占位符的位置。

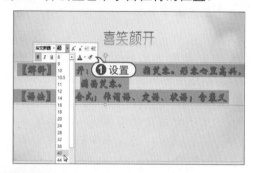

步骤 03 选中正文文本艺术字，在【格式】选项卡的【艺术字样式】组中，单击【其他】按钮，从弹出的菜单中选择【填充-白色，轮廓-着色1，发光-着色1】选项。

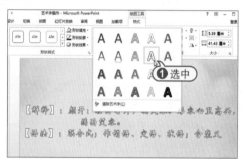

步骤 04 在【形状样式】组中单击【形状效果】按钮，从弹出的菜单中选择【棱台】|【松散嵌入】效果。

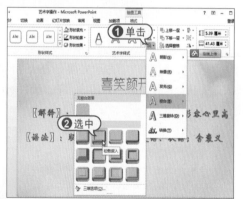

步骤 05 在【形状样式】组中单击【文本轮廓】按钮，从弹出的【主题颜色】菜单中选择【浅绿】色块。

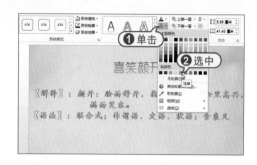

步骤 06 此时，幻灯片中的艺术字将应用设置后的形状样式和效果。

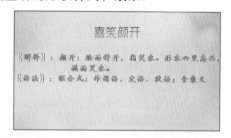

步骤 07 在快速访问工具栏中单击【保存】按钮，保存"艺术字操作"演示文稿。

3. 设置形状样式

　　设置形状样式包含更改艺术字形状样式、形状填充颜色、艺术字边框颜色和形状效果灯操作。通过在【格式】选项卡的【形状样式】组里单击相应的按钮，执行对应的操作。

【例5-3】 在"艺术字操作"演示文稿中，为艺术字设置形状样式。

视频+素材 (光盘素材\第05章\例5-3)

步骤 01 启动PowerPoint 2013应用程序，打开"艺术字操作"演示文稿，新建一张空白幻灯片。

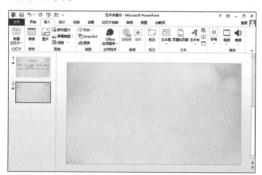

步骤 **02** 选择【插入】选项卡的【文本】组，单击【艺术字】按钮，从弹出的艺术字样式列表中选择【渐变填充-浅橙色，着色3，锋利棱台】样式，输入文字，将其应用在幻灯片中。

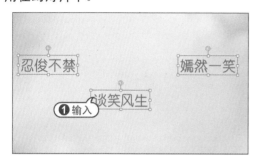

步骤 **03** 选中所有占位符，在【形状样式】组中单击【形状效果】按钮，从弹出的菜单中选择【映像】|【全映像，8pt 偏移量】效果。

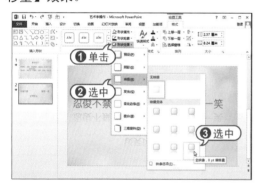

步骤 **04** 此时，幻灯片中艺术字将应用映像效果。

步骤 **05** 选中所有占位符，在【形状样式】组中单击【形状填充】按钮，从弹出的【主题颜色】菜单中选择【深红】色块。

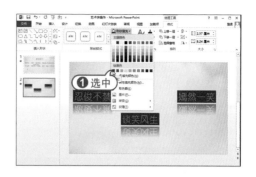

步骤 **06** 选中所有占位符，在【形状样式】组中单击【形状轮廓】按钮，从弹出的【主题颜色】菜单中选择【深蓝】色块。

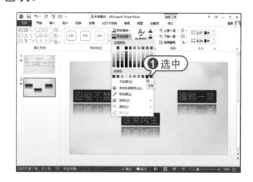

步骤 **07** 此时，幻灯片中艺术字将应用设置后的形状样式和效果。

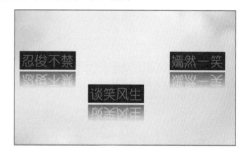

步骤 **08** 在快速访问工具栏中单击【保存】按钮，保存"艺术字操作"演示文稿。

实战技巧

选中艺术字，选中【绘图工具】的【格式】选项卡，在【艺术字样式】组中单击对话框启动器，在打开的【设置文本效果格式】对话框中同样可以对艺术字进行编辑操作。

5.2 在幻灯片中使用图片

在演示文稿中插入图片，可以更生动形象地阐述其主题和所需表达的思想。在插入图片时，要充分考虑幻灯片的主题是否与图片和谐一致。

5.2.1 插入剪贴画

PowerPoint 2013附带的剪贴画库中所有的图片都经过专业设计，并能够表达不同的主题，适合于制作不同风格的演示文稿。

【例5-4】在"艺术字操作"演示文稿中，添加剪贴画。

（视频+素材）(光盘素材\第05章\例5-4)

步骤 01 启动PowerPoint 2013应用程序，打开"艺术字操作"演示文稿，选中第2张幻灯片，将其显示在幻灯片编辑窗口中。

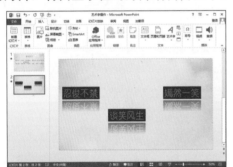

步骤 02 在【插入】选项卡的【图像】组中，单击【联机图片】按钮，在弹出的【插入图片】菜单中的【Office.com剪贴画】文本框中，输入"微笑"字样，点击【搜索】按钮 。

步骤 03 选中第1行第3列的图片，单击【插入】按钮，此时，图片将被插入到幻灯片中。

步骤 04 在快速访问工具栏中单击【保存】按钮 ，保存"艺术字操作"演示文稿。

5.2.2 插入来自文件的图片

在幻灯片中可以插入磁盘中的图片。这些图片可以使用BMP位图，也可以使用因特网下载的或通过数码相机输入的图片等。

打开【插入】选项卡，在【图像】组中单击【图片】按钮，打开【插入图片】对话框，选择需要的图片后，单击【插入】按钮即可。

【例5-5】在"艺术字操作"演示文稿中，插入来自文件的图片。

（视频+素材）(光盘素材\第05章\例5-5)

步骤 01 启动PowerPoint 2013应用程序，打开"艺术字操作"演示文稿，选中第1张幻灯片，将其显示在幻灯片编辑窗口中。

步骤 02 在【插入】选项卡的【图像】组中，单击【图片】按钮，在弹出的【插入

图片】对话框中，选择需要的图片，单击【插入】按钮即可。

步骤 03 此时，来自文件中的图片将被插入到幻灯片中。

步骤 04 在快速访问工具栏中单击【保存】按钮，保存"艺术字操作"演示文稿。

5.2.3 调整图片的位置和大小

选中插入到幻灯片中的图片，图片周围将出现8个白色控制点，当鼠标移动到控制点上方时，鼠标指针变为双箭头形状，此时按下鼠标左键拖动控制点，即可调整图片的大小。

【例5-6】在"艺术字操作"演示文稿中，调整图片的大小。

视频+素材 (光盘素材\第05章\例5-6)

步骤 01 启动PowerPoint 2013应用程序，打开"艺术字操作"演示文稿，选中第1张幻灯片，将其显示在幻灯片编辑窗口中。

步骤 02 选中该图片，当拖动图片4个角上的控制点，将自动保持图片的长宽比例不变。

步骤 03 拖动4条边框中间的控制点，可以改变图片原来的长宽比例。

步骤 04 按住Ctrl键调整图片大小时，将保持图片中心位置不变。

步骤 05 在快速访问工具栏中单击【保存】按钮，保存"艺术字操作"演示文稿。

5.2.4 编辑幻灯片中的图片

对图片的位置、大小和角度进行调整，只能改变这个图片在幻灯片中所处的位置和所占的比例。而当插入的图片中有多余的部分时，可以使用【裁剪】操作，将图片中多余的部分去掉。

【例5-7】在"艺术字操作"演示文稿中，裁剪图片。

视频+素材 (光盘素材\第05章\例5-7)

步骤 **01** 启动PowerPoint 2013应用程序，打开"艺术字操作"演示文稿，选中第1张幻灯片，将其显示在幻灯片编辑窗口中。

步骤 **02** 选中图片，在【格式】选项卡的【大小】组中单击【裁剪】按钮，此时被选中的图片周围将出现8个由较粗的黑色断线组成的裁剪标志。

步骤 **03** 将鼠标移动到裁剪标志上，按下鼠标左键拖动到需要的位置，即可完成裁剪操作，在空白处单击鼠标或者再次单击【裁剪】按钮，将退出裁剪状态。

步骤 **04** 在快速访问工具栏中单击【保存】按钮日，保存"艺术字操作"演示文稿。

5.2.5 设置图片色彩模式

在演示文稿中插入图片后，用户可以调整其位置、大小，也可以根据需要进行裁剪、调整对比度和亮度、设置透明色等操作。

如果要对图片进行设置，可以首先选中图片，然后通过【图片工具】功能区的【格式】选项卡来进行设置。

【例5-8】创建"丽江之旅"演示文稿，在其中插入电脑中的图片并设置图片色彩模式。

视频+素材 (光盘素材\第05章\例5-8)

步骤 **01** 启动PowerPoint 2013应用程序，打开一个空白演示文稿，单击【文件】按钮，在弹出的界面中单击【新建】命令，在【建议的搜索】后单击【自然】选项，选择【宁静演示文稿】，单击创建按钮，将其以"丽江之旅"为名保存。

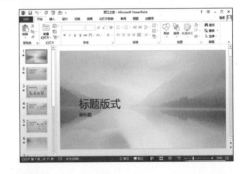

步骤 **02** 在【标题版式】占位符中山呼入"美丽的丽江之旅"；在【副标题】占位符中输入文本，设置其字体颜色为【青绿，着色1，深色25%】，对齐方式为【居中】。

步骤 03 选中第2张幻灯片，删除【单击此处添加文本】占位符，在【单击此处添加标题】占位符中输入"丽江古城"，对齐方式为【居中】。

步骤 04 选择【插入】选项卡，在【图像】组中单击【图片】按钮，在弹出的【插入图片】对话框中单击需要插入的图片，单击【插入】按钮。

步骤 05 选中插入的图片，打开【图片工具】的【格式】选项卡，在【大小】组中的【形状高度】和【形状宽度】分别输入"14厘米"和"27厘米"，图片会自动变为该大小，调整该图片位置。

步骤 06 选中该图片在【格式】选项卡的【图片样式】组中，单击【映像圆角矩形】选项。

步骤 07 在【调整】组中单击【艺术效果】下拉按钮，从弹出的列表中选择第2行第3列中的艺术效果。

步骤 08 在【调整】组中单击【颜色】下拉按钮，从弹出的【重新着色】列表中选择【饱和度：100%】和【色温：11200K】选项。

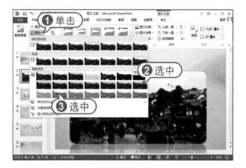

步骤 09 此时，设置了图片的艺术效果，调整了图片的饱和度和色温。效果如下图所示。

步骤10 选中第3张幻灯片，删除【图表】占位符，在"标题和内容版式与图表"占位符中输入文字"玉龙雪山"，对齐方式为【居中】，并插入电脑中的两张图片。

步骤11 拖动鼠标调节图片的大小和位置，效果如下图所示。

步骤12 选中左侧的图片，打开【图片工具】的【格式】选项卡，在【排列】组中单击【上移一层】按钮，从弹出的菜单中选中【置于顶层】命令，将图片移至最顶层。

步骤13 选中右侧图片，打开【图片工具】的【格式】选项卡，在【调整】选项组中单击【更正】按钮，从弹出的菜单中

选择【锐化：25%】和【亮度：+20，对比度：-20%】选项。

步骤14 此时，更正过锐化度、亮度和对比度的图片效果如下图所示。

步骤15 在快速访问工具栏中单击【保存】按钮 🔲，保存"丽江之旅"演示文稿。

实战技巧

若要精确设置图片在幻灯片中的位置，可以右击图片，从弹出的菜单中选择【设置图片格式】命令，打开【设置图片格式】对话框，切换至【位置】选项卡，可以设置位置的具体数值，其中，【水平】属性用于设置水平方向与参考左边的距离，其后【自】属性用于设置水平参考左边点的位置；【垂直】属性用于设置垂直方向与参考坐标的距离，其后【自】属性用于设置垂直参考坐标点的位置。另外，在【设置图片格式】对话框中同样可以设置图片的尺寸、旋转角度等，再次不在阐述。

5.3 绘制与设定自选图形

使用PowerPoint 2013的绘图工具可以绘制各种简单的图形，例如各种线条、连接符、几何图形、星形以及见图等图形，这些图形可以组合成复杂多样的图案效果。

5.3.1 绘制常用的自选图形

在PowerPoint 2013中，通过【插入】选项卡的【插图】组中的【形状】按钮，可以在幻灯片中绘制一些简单的形状，如线条、基本图形。

在【插图】组中单击【形状】按钮，在弹出的菜单中选择需要的形状，然后拖动鼠标在幻灯片中绘制需要的图形即可。

【例5-9】在"丽江之旅"演示文稿中，绘制自选图形。

视频+素材 (光盘素材\第05章\例5-9)

步骤 **01** 启动PowerPoint 2013应用程序，打开"丽江之旅"演示文稿，选择第3张幻灯片，将其显示在幻灯片编辑窗口中。

步骤 **02** 打开【插入】选项卡，在【插图】组中单击【形状】按钮，在弹出的【基本形状】菜单中选择【心形】形状。

步骤 **03** 将鼠标指针移动到幻灯片中，在

适当的位置拖动鼠标绘制心形。

步骤 **04** 使用同样的方法，在第2张幻灯片中绘制不同大小的心形。

步骤 **05** 在快速访问工具栏中单击【保存】按钮，保存"丽江之旅"演示文稿。

5.3.2 调整图形的位置与大小

在PowerPoint 2013中，可以通过鼠标拖动图形来调整图形的位置，或通过【格式】选项卡的【大小】组来设置图形的位置。

【例5-10】在"丽江之旅"演示文稿中，调整自选图形的大小和位置。

视频+素材 (光盘素材\第05章\例5-10)

步骤 **01** 启动PowerPoint 2013应用程序，打开"丽江之旅"演示文稿，选择第3张幻灯片，将其显示在幻灯片编辑窗口中，选择【绘图工具】的【格式】选项卡，在【大小】组里单击对话框启动器。

步骤 02 打开【大小】下拉列表，在高度和宽度文本框中分别输入"3厘米"和"4厘米"，此时，心形图片的大小如下图所示。

步骤 03 打开【位置】下拉列表，在水平位置和垂直位置文本框中分别输入"30厘米"和"10厘米"，则心形图片的位置如下图所示。

步骤 04 在快速访问工具栏中单击【保存】按钮□，保存"丽江之旅"演示文稿。

5.3.3 旋转和翻转图形

旋转图形与旋转文本框、文本占位符的操作方法一样，只要拖动其上方的旋转控制点任意旋转图形即可。也可以在【格式】选项卡的【排列】组中单击【旋转】按钮，在弹出的菜单中选择【向左旋转90°】、【向右旋转90°】等命令。

5.3.4 对齐与层叠图形

当在幻灯片中绘制多个图形后，可以在功能区的【排列】组中单击【对齐】按钮，在弹出的菜单中选择相应的命令来对齐图形，其具体对齐方式与文本对齐相似。

对于绘制的多个图形，PowerPoint将按照绘制的顺序将它们放置于不同的对象层中，如果对象之间有重叠，则后绘制的图形将覆盖在先绘制的图形之上，即上层对象遮盖下层对象。当需要显示下层对象时，可以通过调整它们的叠放次序来实现。

要调整图形的层叠顺序，可以在功能区的【排列】组中单击【上移一层】按钮和【下移一层】按钮右侧的下拉箭头，在弹出的菜单中选择相应命令即可。

【例5-11】在"丽江之旅"演示文稿中，调整图形的对齐和层叠方式。

（视频+素材）(光盘素材\第05章\例5-11)

步骤 01 启动PowerPoint 2013应用程序，打开"丽江之旅"演示文稿，选中第2张幻灯片，将其显示在幻灯片编辑窗格中。

步骤 02 选中最右边的心形，打开【格式】选项卡，在【形状样式】组中单击【形状填充】下拉按钮，在弹出的【主题颜色】菜单中选择【红色】色块。

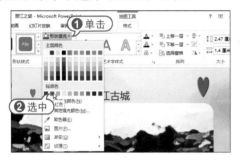

步骤 03 选中红色的心形，在【格式】选项卡的【排列】组中单击【对齐】下拉按钮，在弹出的下拉菜单中选择【左对齐】选项。

步骤 04 调整对齐方式后，该心形的位置如下图所示。

步骤 05 选中第4张幻灯片，将其显示在

幻灯片编辑窗口中，删除所有占位符，选择【插入】选项卡，在【插图】中单击【形状】按钮，在幻灯片中分别插入云形、新月形、笑脸型图形。

步骤 06 选择【格式】选项卡，在【形状样式】组中单击【形状填充】按钮，分别为三个图形，设置填充色为白色，黄色和浅绿色。

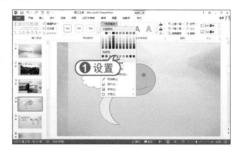

步骤 07 将云形、新月形、笑脸图形重叠放置，如下图所示。

步骤 08 选中笑脸图形，在【格式】选项卡的【排列】组中，单击【上移一层】按钮。

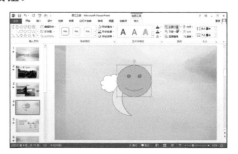

步骤 09 选中云形图形，在【格式】选项卡的【排列】组中，单击【上移一层】按钮右侧的下拉按钮，选择【置于顶层】选项。

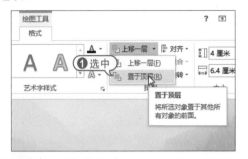

步骤 10 设置层叠方式后，这三个图形层叠顺序如下图所示。

步骤 11 在快速访问工具栏中单击【保存】按钮日，保存"丽江之旅"演示文稿。

5.3.5 组合图形

在绘制多个图形后，如果希望这些图形保持相对位置不变，可以执行【组合】命令将其进行组合。也可以同时选中多个图形，单击鼠标右键，在弹出的快捷菜单中选择【组合】|【组合】命令。当多个图形被组合后，将作为一个图形被选中、复制或移动。

【例5-12】在"丽江之旅"演示文稿中，组合图形。

视频+素材 (光盘素材\第05章\例5-12)

步骤 01 启动PowerPoint 2013应用程序，打开"丽江之旅"演示文稿，选中第2张幻灯片，将其显示在幻灯片编辑窗口，选中

幻灯片中所有的心形图形。

步骤 02 右击，在弹出的快捷菜单中选择【组合】|【组合】命令，则多个心形将作为一个图形被操作。

步骤 03 在任意一个心形上单击，然后右击，选择【复制】选项。

步骤 04 选中第4张幻灯片，将其显示在幻灯片编辑窗口中，在【开始】选项卡的【剪贴板】组中，单击【粘贴】按钮。

5.4 创建与编辑SmartArt图形

使用SmartArt图形可以直观地说明层级关系、附属关系、并列关系、循环关系等各种常见的逻辑关系，而且所制作的图形漂亮精美，具有很强的立体感和画面感。

5.4.1 创建SmartArt图形

打开【插入】选项卡，在【插图】选项组中单击SmartArt按钮，打开【选择SmartArt图形】对话框。

在该对话框中，用户可以根据需要选择合适的类型，单击【确定】按钮，即可在幻灯片中插入SmartArt图形。

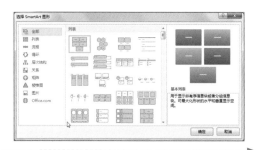

【例5-13】在"销售业绩报告"演示文稿中，插入SmartArt图形。

▶ (视频+素材) (光盘素材\第05章\例5-13)

步骤 01 启动PowerPoint 2013应用程序，打开"销售业绩报告"演示文稿，新建一张幻灯片，将其显示在幻灯片编辑窗口中。

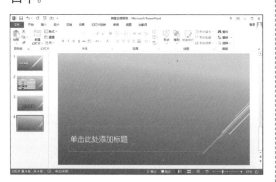

步骤 02 在【单击此处添加标题】占位符中输入文本，设置其字体为【华文新

魏】，字号为44，字体颜色为【白色】，对齐方式为【居中】。

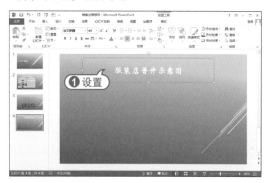

步骤 03 打开【插入】选项卡，在【插图】选项组中单击SmartArt按钮，打开【选择SmartArt图形】对话框。

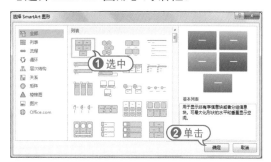

步骤 04 打开【流程】选项卡，选择【基本蛇形流程】选项，单击【确定】按钮，即可在幻灯片中插入该SmartArt图形。

步骤 05 在文本框中输入文本，并拖动鼠标调节图形大小和位置。

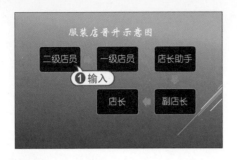

步骤 06 在快速访问工具栏中单击【保存】按钮日，保存"销售业绩报告"演示文稿。

实战技巧

在幻灯片占位符中单击【插入SmartArt图形】按钮，同样可以打开【选择SmartArt图形】对话框。

5.4.2 编辑SmartArt图形

新建SmartArt图形后，有些地方可能不符合要求，还需要对插入的SmartArt图形进行编辑，如插入或删除、调整形状顺序以及更改布局等。

1. 添加和删除形状

默认情况插入的SmartArt图形的形状较少，用户可以根据需要在相应的位置添加形状；如果形状过多，还可以对其进行删除。

【例5-14】在"销售业绩报告"演示文稿中，为SmartArt图形添加形状。

（视频+素材）(光盘素材\第05章\例5-14)

步骤 01 启动PowerPoint 2013应用程序，打开"销售业绩报告"演示文稿，选中第4张幻灯片，将其显示在幻灯片编辑窗口中。

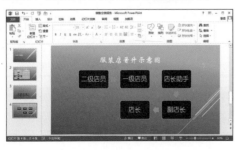

步骤 02 选中 "一级店员"形状，打开【SmartArt工具】的【设计】选项卡，在【创建图形】组中单击【添加形状】下拉按钮，从弹出的下拉菜单中选择【在后面添加形状】命令。

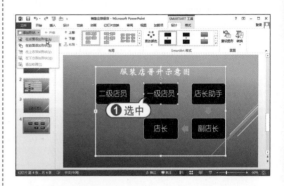

步骤 03 在新建的形状文本框中输入文本。

步骤 04 选中SmartArt图形，在【设计】选项卡的【SmartArt样式】组中，单击【更改颜色】下拉按钮，在【主题颜色】菜单中选择第2行第5列的色块。

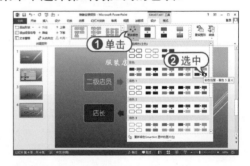

步骤 05 在快速访问工具栏中单击【保存】按钮日，保存"销售业绩报告"演示文稿。

2. 调整形状顺序

在制作SmartArt图形的过程中，用户可以根据自己的需求调整图形间各形状的顺序，如将上一级的形状调整到下一级等。

选中形状，打开【SmartArt工具】的【设计】选项卡，在【创建图形】组中单击【升级】按钮，将形状上调一个级别；单击【下降】按钮，将形状下调一个级别；单击【上移】或【下移】按钮，将形状在同一级别中向上或向下移动。

3.更改布局

当用户编辑完关系图后，如果发现该关系图不能很好地反映各个数据、内容关系，则可以更改SmartArt图形的布局。

【例5-15】在"销售业绩报告"演示文稿中，更改SmartArt图形布局。

(视频+素材) (光盘素材\第05章\例5-15)

步骤 **01** 启动PowerPoint 2013应用程序，打开"销售业绩报告"演示文稿，选中第4张幻灯片将其显示在幻灯片编辑窗口中，选中SmartArt图形，打开【SmartArt工具】的【设计】选项卡，在【布局】组中单击【其他】按钮，从弹出的列表中选择【其他布局】命令。

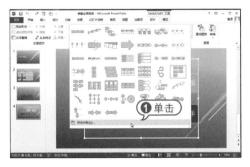

步骤 **02** 打开【选择SmartArt图形】对话框，在【流程】列表框中选择【连续块状流程】选项，单击【确定】按钮。

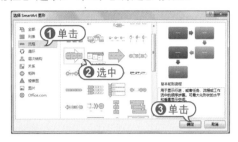

步骤 **03** 返回到幻灯片编辑窗口，即可查看更改布局后的效果。

步骤 **04** 在快速访问工具栏中单击【保存】按钮，保存"销售业绩报告"演示文稿。

5.4.3 格式化SmartArt图形

格式化SmartArt图形包括两个方面：一是修改SmartArt图形中的形状；二是更改整个SmartArt图形。经过设计后，让SmartArt图形更加美观。

【例5-16】在"销售业绩报告"演示文稿中，格式化SmartArt图形。

(视频+素材) (光盘素材\第05章\例5-16)

步骤 **01** 启动PowerPoint 2013应用程序，打开"销售业绩报告"演示文稿，选中第4张幻灯片将其显示在幻灯片编辑窗口中，选中SmartArt图形的所有形状，打开【SmartArt工具】的【格式】选项卡，在【大小】组的【高度】和【宽度】微调框中分别输入"5.3厘米""2厘米"，调节形状的高度和宽度。

步骤 02 经过调整宽度和高度后，SmartArt图形的效果如下图所示。

步骤 03 选中"店长"形状，在【格式】选项卡的【形状】组中单击【更改形状】按钮，从弹出的菜单中选择【六边形】选项，更改形状。

步骤 04 选"二级店员"形状，打开【SmartArt工具】的【格式】选项卡，在【形状样式】组中单击【形状填充】按钮，在弹出的颜色面板中选择【浅绿】色块，快速为形状应用【浅绿】填充色。

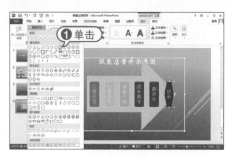

步骤 05 在快速访问工具栏中单击【保存】按钮日，保存"销售业绩报告"演示文稿。

5.5 插入相册

随着数码相机的普及，使用计算机制作电子相册的用户越来越多。当没有制作电子相册的专门软件时，使用PowerPoint也能轻松制作出漂亮的电子相册。电子相册同样适用于介绍公司的产品目录，或者分享图像数据及研究成果。

5.5.1 新建电子相册

在幻灯片中新建相册时，只要在【插入】选项卡的【图像】选项组中单击【相册】按钮，打开【相册】对话框，从本地磁盘的文件夹中选择相关的图片文件，单击【创建】按钮即可。在插入相册的过程中可以更改图片的先后顺序、调整图片的色彩明暗对比与旋转角度等。

【例5-17】在幻灯片中创建新相册，制作"梵高作品展"相册。

📹(视频+素材) (光盘素材\第05章\例5-17)

步骤 01 启动PowerPoint 2013应用程序，新建一个空白演示文稿，打开【插入】选项卡，在【图像】选项组中单击【相册】按钮，打开【相册】对话框，单击【文件/磁盘】按钮。

步骤 **02** 打开【插入新图片】对话框，在图片表中选择需要的图片，单击【插入】按钮。

步骤 **03** 返回到【相册】对话框，在【相册中的图片】列表中选择图片，单击⬆按钮，将该图片向上移动到合适的位置。

步骤 **04** 在【相册版式】选项区域的【图片版式】下拉列表中选择【4张图片】选项，在【相框形状】下拉列表中选择【圆角矩形】选项，然后在【主题】右侧单击【浏览】按钮。

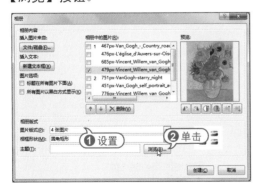

步骤 **05** 打开【选择主题】对话框，选择需要的主题wisp，单击【确定】按钮。

步骤 **06** 返回到【相册】对话框，单击【创建】按钮，创建包含8张图片的电子相册，此时在演示文稿中显示相册封面和图片。

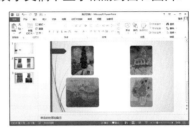

步骤 **07** 单击【文件】按钮，在弹出的菜单中选择【另存为】命令，将该演示文稿以文件名"梵高作品展"进行保存。

5.5.2 编辑电子相册

如果不满意已建相册所呈现的效果，可以在【插入】选项卡的【图像】选项组中单击【相册】按钮，在弹出的菜单中选择【编辑相册】命令，打开【编辑相册】对话框重新修改相册顺序、图片版式、相框形状、演示文稿设计模板等相关属性。

【例5-18】在"梵高作品展"相册中，重新设置相册格式，并修改文本。

视频+素材 (光盘素材\第05章\例5-18)

步骤 **01** 启动PowerPoint 2013应用程序，打开"梵高作品展"演示文稿。

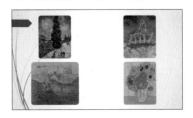

步骤 02 打开【插入】选项卡，在【图像】选项组中单击【相册】按钮，从弹出的菜单中选择【编辑相册】命令。

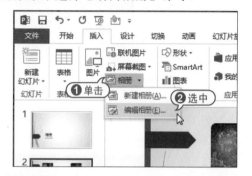

步骤 03 打开【编辑相册】对话框，在【相册版式】选项区域中设置【图片版式】属性为【4张图片(带标题)】，并设置【相框形状】属性为【居中矩形阴影】，单击【更新】按钮。

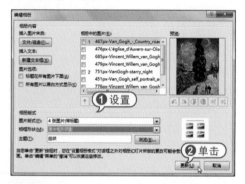

步骤 04 此时，即可在演示文稿中显示更新后的图片效果。

步骤 05 在第1张幻灯片输入标题和副标题文本，设置标题字体为【华文琥珀】，字号为80，字形为【阴影】，文本左对齐；设置副标题字体为【华文隶书】，字号为40，字体颜色为【深红】，文本右对齐。

步骤 06 在第2和第3张图片幻灯片中添加标题文本，设置其字体为【华文新魏】，字号为54，字形为【加粗】。

步骤 07 在幻灯片预览窗格中选中第1张幻灯片，将其显示在幻灯片编辑窗口中，打开【插入】选项卡，在【图像】组中单击【图片】按钮，打开【插入图片】对话框，选择图片，单击【插入】按钮。

步骤 08 此时即可将图片插入到幻灯片中，调节图片大小和位置。

步骤 **09** 打开【格式】选项卡，在【调整】组中单击【删除背景】按钮，进入删除背景模式，拖动鼠标选择图片背景区域，单击【保存更改】按钮，删除图片背景。

步骤 **10** 在快速访问工具栏中单击【保存】按钮■，保存"梵高作品展"演示文稿。

> **实战技巧**
>
> 要以黑白方式显示相册中的所有图片，可以在【相册】对话框的【图片选项】选项区域中选中【所有图片以黑白方式显示】复选框。

5.6 实战演练

本章的实战演练部分包括制作幼儿数学教学课件和制作产品展示等四个综合实例操作，用户通过练习可巩固本章所学知识。

5.6.1 制作数学教学课件

用户通过练习制作数学教学课件，可以巩固编辑文本、插入图片等知识点。

【例5-19】在PowerPoint 2013中，制作"幼儿数学教学"课件。

▶(视频+素材)(光盘素材\第05章\例5-19)

步骤 **01** 启动PowerPoint 2013应用程序，新建一个空白演示文稿，单击【文件】按钮，从弹出的界面在选中【新建】命令，在右边搜索文本框中输入"蓝色书架"，选择该模板，单击【创建】按钮，此时即可新建一个基于模板的演示文稿，将其以"幼儿数学教学"为名保存。

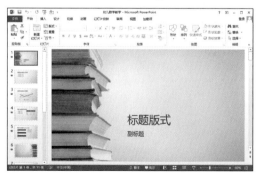

步骤 **02** 自动显示第1张幻灯片，在【单击此处添加标题】占位符中输入"幼儿数学教学"，设置其字体为【黑体】，字号为60，字形为【加粗】、【阴影】；在【单击此处添加副标题】占位符中输入文本，设置其字形为【加粗】，对齐方式为【居中】。

步骤 **03** 打开【插入】选项卡，在【图像】组中单击【图片】按钮，打开【插入图片】对话框，选择所需的图片，单击【插入】按钮，插入图片。

步骤 **04** 拖动鼠标来调节图片的大小和位置。

步骤 05 打开【插入】选项卡，在【插图】组中单击【形状】按钮，从弹出的【星与旗帜】菜单列表中选择【前凸带形】选项，拖动鼠标在幻灯片中绘制图形。

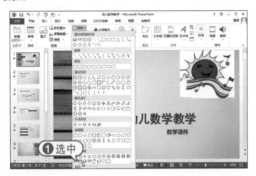

步骤 06 选择【格式】选项卡的【形状样式】组，单击【形状填充】按钮，在弹出的【主题颜色】菜单中，选择【黄色】色块。

步骤 07 右击选中的形状，在弹出的快捷菜单中选择【编辑文字】命令，在图形中输入文本，设置文本字体为【幼圆】。

步骤 08 在幻灯片预览窗格中选中第2张幻灯片，将其显示在幻灯片编辑窗口中，选中所有的占位符，按Delete键，删除幻灯片中的所有占位符。

步骤 09 打开【插入】选项卡，在【图像】组中单击【图片】按钮，打开【插入图片】对话框，选择所需的图片，单击【插入】按钮。

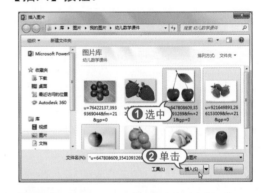

步骤 10 将图片插入第2张幻灯片中，拖动鼠标调节图片的位置和大小。

步骤 11 打开【插入】选项卡，在【文本】组中单击【艺术字】按钮，从弹出列表框中选择第2行第5列中的样式，然后在【请在此放置您的文字】艺术字文本框中输入文本"一个苹果"。

步骤 12 使用同样的方法，在幻灯片中插入"两颗樱桃"和"三颗草莓"艺术字。

步骤 13 选择【插入】选项卡，单击【形状】下拉按钮，在【公式形状】中选择【加号】形状，用同样的方法插入【等号】形状，调整形状的位置。

步骤 14 使用同样的方法，在第3张幻灯片中插入图片、艺术字和形状。

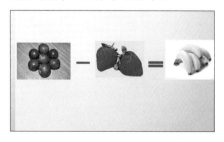

步骤 15 在快速访问工具栏中单击【保存】按钮，保存"幼儿数学课件"演示文稿。

5.6.2 制作产品展示相册

用户通过练习制作产品展示相册，可以巩固本章所学的创建电子相册和编辑电子相册等知识点。

【例5-20】在PowerPoint 2013中，制作"产品展示相册"演示文稿。

📹(视频+素材) (光盘素材\第05章\例5-20)

步骤 01 启动PowerPoint 2013应用程序，新建一张空白演示文稿，打开【插入】选项卡，在【图像】选项组中单击【相册】按钮，打开【相册】对话框，单击【文件/磁盘】按钮。

步骤 02 打开【插入新图片】对话框，在图片列表中选中需要的图片，单击【插入】按钮。

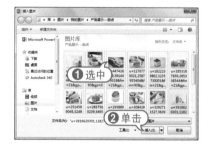

步骤 03 返回到【相册】对话框，在【相册版式】选项区域的【图片版式】下拉列表中选择【4张图片】选项，在【相框形状】下拉列表中选择【圆角矩形】选项，在【主题】右侧单击【浏览】按钮。

> 💧**知识点滴**
>
> 要以灰白方式显示相册中的所有图片，可以在【相册】对话框的【图片选项】选项区域中选中【所有图片以黑白方式显示】复选框。

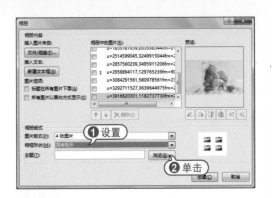

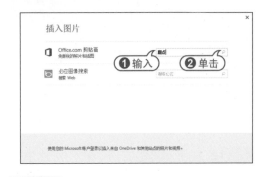

步骤 04 打开【选择主题】对话框，选择需要的主题Facet，单击【选择】按钮，返回到【相册】对话框，单击【创建】按钮，创建包含12张图片的电子相册。

步骤 07 在剪贴画列表框中单击要插入的剪贴画，将其插入幻灯片中。

步骤 05 在幻灯片预览窗格中选中第1张幻灯片，将其显示在幻灯片编辑窗口中，修改标题文本，设置其字号为60，字形为【加粗】、【阴影】；修改副标题文本，设置其字号为32，字形为【倾斜】，文本对齐方式为【右对齐】。

步骤 08 拖动鼠标调节图片和副标题占位符的大小和位置。

步骤 09 选中图片，打开【图片工具】的【格式】选项卡，在【大小】组中单击【裁剪】下拉按钮，从弹出的下拉菜单中选择【裁剪为形状】|【八角星】选项。

步骤 06 打开【插入】选项卡，在【图像】组中单击【联机图片】按钮，打开【剪贴画】窗格，在【Office.com剪贴画】文本框中输入"甜点"，单击【搜索】按钮。

步骤 10 此时，图片将自动裁剪为八角星的形状，效果如下图所示。

步骤 11 在状态栏中单击【幻灯片浏览】视图按钮圈，打开幻灯片浏览视图，即可查看产品展示相册中的相册。

步骤 12 单击【文件】按钮，在弹出的菜单中选择【另存为】命令，将该演示文稿以文件名"产品展示相册"进行保存。

5.6.3 使图形背景显示透明效果

在PowerPoint中绘制的图形通常都会设置各种背景填充图。当图形拥有填充效果后，若放置于文字上，将会遮盖住文字。遇到这种情况，用户可以将图形背景设置为透明，以便显示图形下方的内容。

【例5-21】在PowerPoint 2013中，为"幼儿数学教学"演示文稿，制作透明图形透明背景。

📹视频+素材 (光盘素材\第05章\例5-21)

步骤 01 启动PowerPoint 2013应用程序，打开"幼儿数学教学"演示文稿，在幻灯片预览窗格中选中第2张幻灯片，并将其显示在幻灯片编辑窗口中。

步骤 02 打开【插入】选项卡，在【插图】组中单击【形状】下拉按钮，选中【云形】形状，在幻灯片的文字上画出该图形。

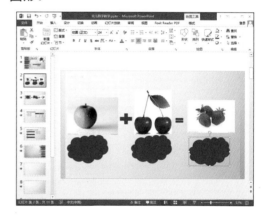

步骤 03 按Ctrl键选中3个图形，打开【格式】选项卡，在【形状样式】组中单击对话框启动器□，弹出【设置形状格式】对话框。

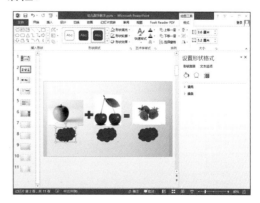

步骤 04 选中【形状选项】选项卡，单击【填充】下拉按钮，选中3个【云形】图形，在【透明度】文本框中输入80%。

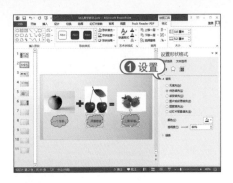

步骤 05 此时，经过透明度设置的图形，效果如下图所示。

5.6.4　制作星状拓扑图

尽管PowerPoint 2013已经提供了很多SmartArt图形，但是在实际操作中仍然有不符合要求的地方，这时需要灵活使用SmartArt图形来制作符合要求的效果。

【例5-22】在PowerPoint 2013中，为"光盘策划提案"演示文稿，制作星状拓扑图。

（视频+素材）(光盘素材\第05章\例5-22)

步骤 01 启动PowerPoint 2013应用程序，打开"光盘策划提案"演示文稿，在幻灯片预览窗格中选中第6张幻灯片，并将其显示在幻灯片编辑窗口中。

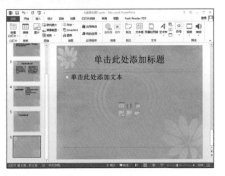

步骤 02 在【单击此处添加标题】占位符中输入文本"拓扑图形"，然后单击【插入SmartArt图形】按钮，在弹出的【选择SmartArt图形】对话框中，选择【循环】选项卡，选择【分离射线】选项。

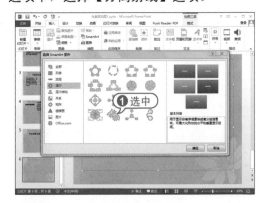

步骤 03 选中SmartArt图形，打开【设计】选项卡，在【创建图形】组中选择【添加形状】选项。

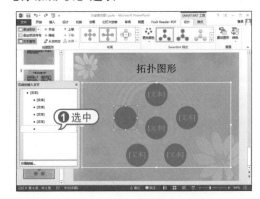

步骤 04 选定SmartArt图形的箭头，单击鼠标右键，在弹出的快捷菜单中选择【更改】|【上下箭头】选项，用同样的方法设置其他的箭头形状。

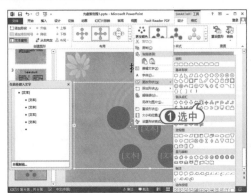

步骤 05 选中所有的箭头,打开【格式】选项卡,在【排列】组中单击【旋转】下拉按钮,选择【向左旋转90°】选项,在SmartArt图形中输入文本。此时,效果如下图所示。

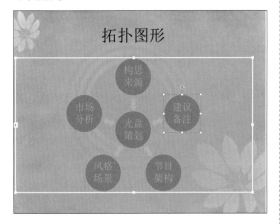

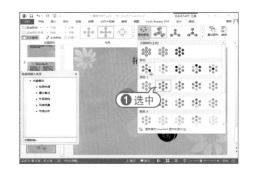

步骤 07 选中SmartArt图形,打开【设计】选项卡,单击【SmartArt样式】组的下拉箭头,从弹出的菜单中选择【砖块场景】选项。

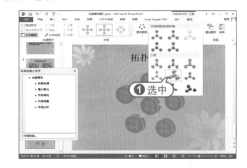

步骤 06 选中SmartArt图形,打开【设计】选项卡,在【SmartArt样式】组中单击【更改颜色】按钮,在弹出的菜单中选择第3行第2列选项。

步骤 08 在快速访问工具栏中单击【保存】按钮🔲,保存"光盘策划提案"演示文稿。

专家答疑

» 问:如何使自选图形的形状填充为渐变效果?

答:在很多情况下,制作演示文稿会用到渐变效果,渐变效果可以使得图形更加美观。选中图形,在【绘图工具】的【格式】选项卡中选择【形状样式】组,单击【形状填充】按钮右侧的下拉按钮,在弹出的菜单中选择【渐变】命令,然后在【渐变】子命理中,选择适合的渐变选项。

» 问:如何在SmartArt图形中添加图片?

答:有的SmartArt图形中可以插入图片以便更好地表达图形的含义。在SmartArt图形中的图片位置处单击【插入图片】按钮 ，打开【插入图片】对话框，单击【浏览】按钮，在【插入图片】对话框中选择要插入的图片，单击【插入】按钮，即可将选择的图片插入到图片位置。

>> 问：进入删除背景模式后，如何选择图片背景区域？

答：在删除图片背景时，可能会把一些细微但同时又需要的部分删除，这个时候就要标记保留的区域。选中图片，在【格式】选项卡的【调整】组里单击【删除背景】按钮，在弹出的【背景消除】选项卡中单击【标记要保留的区域】按钮，单击图片要保留的部分，然后在【背景消除】选项卡的【关闭】组中单击【保存更改】按钮，删除图片背景。

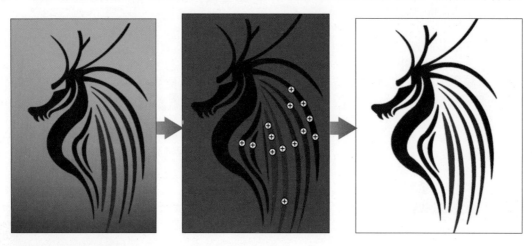

读书笔记

第6章

使用幻灯片预设功能与母版

PowerPoint 2013提供了大量的模板预设格式，应用这些格式，可以轻松地设计出与众不同的幻灯片演示文稿。这些预设格式包括设计模板、主题颜色、幻灯片版式、背景样式等内容。

6.1 设置演示文稿主题

使用PowerPoint 2013提供的多种主题颜色和背景样式，可以使幻灯片具有丰富的色彩和良好的视觉效果。本节将介绍为幻灯片设置主题的方法。

6.1.1 添加演示文稿主题

幻灯片主题是应用于整个演示文稿的各种样式的集合，包括颜色、字体和效果3大类。PowerPoint预置了多种主题供用户选择。

打开【设计】选项卡，在【主题】组中单击【其他】按钮|▾|，从弹出的列表中可以选择预置的主题。

6.1.2 设置主题颜色

PowerPoint提供了多种预置的主题颜色供用户选择。在【设计】选项卡的【变体】组中单击【其他】按钮|▾|，在弹出的菜单中选择【颜色】选项，即弹出主题颜色菜单。若选择【自定义颜色】命令，打开【新建主题颜色】对话框。

在该对话框中可以设置各种类型内容的颜色。设置完成后，在【名称】文本框

中输入名称，单击【保存】按钮，将其添加到【主题颜色】菜单中即可。

6.1.3 更改主题字体

字体也是主题中的一种重要元素。在【设计】选项卡的【变体】组单击【其他】按钮|▾|，从弹出的菜单中选择【字体】选项，即可弹出预置的字体。若选择【自定义字体】命令，打开【新建主题字体】对话框，在其中可以设置标题字体、正文字体等。

6.1.4 修改主题效果

主题效果是PowerPoint预置的一些图形元素以及特效。在【设计】选项卡的【变体】组单击【其他】按钮|▾|，从弹出的菜单中选择【效果】选项，即可选择预置的主题效果。

由于主题效果的设置非常复杂，因此PowerPoint 2013不提供用户自定义主题效果的选项。在此，用户只能使用预置的16种主题效果。

【例6-1】在幻灯片中应用主题和主题效果,自定义主题颜色和字体。

📹视频+素材 (光盘素材\第06章\例6-1)

步骤 01 启动PowerPoint 2013应用程序,新建一个空白演示文稿,将其以"自定义主题"为名进行保存,在幻灯片缩略图中自动选择一种幻灯片,按Enter键,添加一张新幻灯片。

步骤 02 打开【设计】选项卡,在【主题】组中单击【其他】按钮 |▼|,从弹出的【所有主题】列表中选择【回顾】主题样式。

步骤 03 此时,自动为幻灯片应用所选的主题。

步骤 04 在【变体】组中单击【其他】按钮 |▼|,从弹出的菜单中选择【颜色】命令,打开【主题颜色】菜单,选择【自定义颜色】选项,打开【新建主题颜色】对话框。

步骤 05 单击【文字/背景-深色1】下拉按钮,在弹出的面板中选择【白色】色块;单击【文字/背景-浅色1】下拉按钮,在弹出的面板中选择【其他颜色】命令,打开【颜色】对话框的【自定义】选项卡,设置RGB=220、240、200,单击【确定】按钮。

步骤 06 返回至【新建主题颜色】对话框,设置【文字/背景-深色2】为【深蓝】,【着色1】为【绿色】;在【名称】文本框中输入"我的自定义主题颜色",单击【保存】按钮。

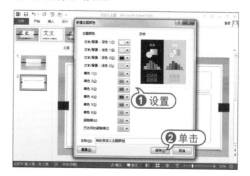

步骤 07 此时,即可显示自定义主题后的幻灯片效果。

在制作幻灯片时，灵活运用【总体协调，局部对比】、【明确主色调】、【主色调随内容而定】、【尽量试用邻近色】、【加强背景与内容的对比度】等几个要素，就能快速掌握搭配幻灯片主题颜色的技巧。

步骤 08 在【变体】组中单击【其他】按钮|▼|，从弹出的菜单中选择【字体】选项，然后单击【自定义字体】选项，打开【新建主题颜色】对话框。

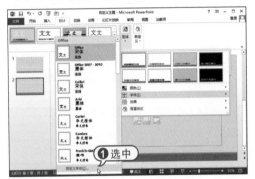

步骤 09 在【西文】选项区域中，设置【标题字体】为【华文楷体】，【正文字体】为【楷体】；在【中文】选项区域中，设置【标题字体】为【华文琥珀】，【正文字体】为【宋体】；在【名称】文本框中输入"我的字体"，单击【保存】按钮。

步骤 11 在【变体】组单击【其他】按钮|▼|，从弹出的菜单中选择【效果】选项，单击【锈迹纹理】主题效果样式，快速应用该样式至幻灯片中。

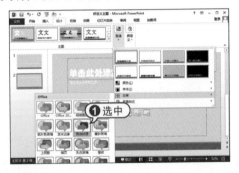

步骤 12 在快速访问工具栏中单击【保存】按钮日，保存"自定义主题"演示文稿。

在自定义主题颜色时，系统会自动将其命名为"自定义1、自定义2……"，用户也可以根据自己的需求对其重命名。另外，如果仅需将选中的主题颜色应用于当前幻灯片，那么右击该颜色选项，在弹出的快捷菜单中选择【应用于所选幻灯片】命令。

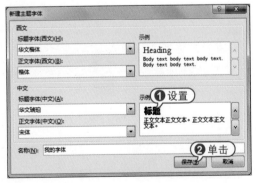

步骤 10 完成主题字体的设置，返回至幻灯片中显示设置后的主题字体。

6.2 设置演示文稿背景

幻灯片美观与否，背景起着至关重要的作用。用户除了自己设计模板外，还可以利用PowerPoint 2013内置的背景样式，设计和更改幻灯片的背景颜色和背景等。

6.2.1 应用内置背景样式

在设计演示文稿时，用户除了在应用模板或改变主题颜色时更改幻灯片的背景外，还可以根据需要任意更改幻灯片的背景颜色和背景设计，如添加底纹、图案、纹理或图片等。

打开【设计】选项卡，在【变体】组中单击【其他】按钮|▾|，在弹出的菜单中选择【背景样式】选项，选择需要的背景样式，即可快速应用PowerPoint自带的背景样式。

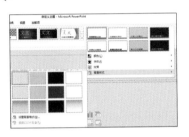

6.2.2 设置渐变背景样式

渐变色是指由两种或者两种以上的颜色均分布在画面上，并均匀过度。要为演示文稿设置渐变色，可以在【设计】选项卡的【自定义】组中，单击【设置背景格式】按钮，打开【设置背景格式】对话框，然后打开【填充】选项卡，在【填充】选项区域选中【渐变填充】单选按钮，在其中设置渐变色。

【例6-2】在"设计模板"演示文稿中，设置渐变色背景。

▶ (视频+素材) (光盘素材\第06章\例6-2)

步骤 01 启动PowerPoint 2013应用程序，新建一个空白演示文稿，按Enter键添加一张幻灯片，并将其以"设计模板"为名保存。

步骤 02 在【设计】选项卡中选择【自定义】组，单击【设置背景格式】按钮。

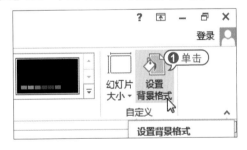

步骤 03 打开【设置背景格式】窗格的【填充】选项卡，在【填充】选项区域选中【渐变填充】单选按钮，展开相关选项。

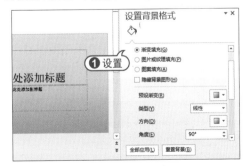

步骤 04 单击【预设渐变】下拉按钮，在弹出的颜色菜单中，选择第2行第6列选项，单击【类型】下拉按钮，选择【路径】选项，并调整【渐变光圈】，在【透明度】微调框中输入"40%"。

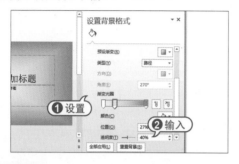

步骤 05 此时，设置幻灯片渐变填充的背景效果如下图所示。

步骤 06 在快速访问工具栏中单击【保存】按钮 ，保存"设计模板"演示文稿。

6.2.3 设置纹理图案背景样式

　　除了使用渐变色填充背景外，还可以为幻灯片设置纹理图案背景。在打开的【设置背景格式】对话框中，选中【图片或纹理填充】单选按钮后，在【纹理】下拉列表框中选择需要的纹理图案。

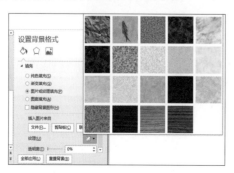

知识点滴

　　在【设置背景格式】对话框中，当选中【图片或纹理填充】单选按钮时，系统会自动选中【将图片平铺为纹理】复选框，在【平铺选项】栏中可对其偏移量、缩放比例、对齐方式、镜像类型、透明度等进行详细的设置。

6.2.4 设置自定义背景图片

　　通过为幻灯片设置自定义背景图片可以让幻灯片的背景更加丰富，用户可以将自己收集的图片作为幻灯片的背景。

【例6-3】 在"设计模板"演示文稿中，设置自定义背景图片。

（视频+素材）(光盘素材\第06章\例6-3)

步骤 01 启动PowerPoint 2013应用程序，打开"设计模板"演示文稿，选中第2张幻灯片，将其显示在幻灯片编辑窗口中。

步骤 02 在【设计】选项卡中选择【自定义】组，单击【设置背景格式】按钮，打开【设置背景格式】窗格，单击【填充】按钮，选中【图片或纹理填充】单选按钮，单击【文件】按钮。

步骤 03 打开【插入图片】对话框，选择背景图片的存放路径，选择需要的图片，单击【插入】按钮。

步骤 04 返回至【设置背景格式】窗格，单击【关闭】按钮，此时图片将设置为幻灯片的背景。

步骤 05 在快速访问工具栏中单击【保存】按钮日，保存"设计模板"演示文稿。

知识点滴

在【设置背景格式】对话框中单击【重置背景】，可以重新设置幻灯背景。

6.3 设置演示文稿母版

为了使演示文稿中的每一张幻灯片都具有统一的版式和格式，PowerPoint 2013通过母版来控制幻灯片中不同部分的表现形式。PowerPoint 2013提供了3种母版，即幻灯片母版、讲义母版和备注母版。

6.3.1 查看幻灯片母版

当需要设置幻灯片风格时，可以在幻灯片母版视图中进行设置；当需要将演示文稿以讲义形式打印输出时，可以在讲义母版中进行设置；当需要在演示文稿中插入备注内容时，则可以在备注母版中进行设置。

1. 幻灯片母版

幻灯片母版是存储模板信息的设计模板的一个元素。幻灯片母版中的信息包括字形、占位符大小和位置、背景设计和配色方案。用户通过更改这些信息，就可以更改整个演示文稿中幻灯片的外观。

打开【视图】选项卡，在【母版视图】组中单击【幻灯片母版】按钮，打开幻灯片母版视图，即可查看幻灯片母版。

在母版视图中可以看到幻灯片所有区域，如标题占位符、副标题占位符以及母版下方的页脚占位符。这些占位符的位置及属性，决定了应用该母版中幻灯片的外观属性。

当用户将幻灯片切换到幻灯片母版视

图时，功能区将自动打开【幻灯片母版】选项卡。单击功能组中的按钮，可以对母版进行编辑或更改操作。

2. 讲义母版

讲义母版是为制作讲义而准备的，通常需要打印输出，因此讲义母版的设置大多和打印页面有关。它允许设置一页讲义中包含几张幻灯片，也可以设置页眉、页脚、页码等信息。在讲义母版中插入新的对象或者更改版式时，新的页面效果不会反映在其他母版视图中。

打开【视图】选项卡，在【母版视图】组中单击【讲义母版】按钮，打开讲义母版视图。此时功能区自动切换到【讲义母版】选项卡。

在讲义母版视图中，包含有4个占位符，即页眉区、页脚区、日期区以及页码区。另外，页面上还包含很多虚线边框，这些边框表示的是每页所包含的幻灯片缩略图的数目。用户可以使用【讲义母版】选项卡，单击【页面设置】组的【每页幻灯片数量】按钮，在弹出的菜单中选择幻灯片的数目选项。

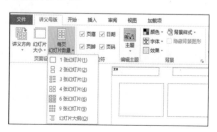

3. 备注母版

备注相当于讲义。对某个幻灯片需要提供补充信息时，使用备注对创建演讲注意事项是很方便的。备注母版主要用来设置幻灯片的备注格式，一般也是用来打印输出的，因此备注母版的设置大多也和打印页面有关。

打开【视图】选项卡，在【母版视图】组中单击【备注母版】按钮，打开备注母版视图。备注页由单个幻灯片的图像和下面所属文本区域组成。

在备注母版视图中，用户可以设置或修改幻灯片内容、备注内容及页眉页脚内容在页面中的位置、比例及外观等属性。

单击备注母版上方的幻灯片内容区，其周围将出现8个白色的控制点，此时可以使用鼠标拖动幻灯片内容区域设置它在备注页中的位置；单击备注文本框边框，此时该文本框周围也将出现8个白色的控制点，此时拖动该占位符调整备注文本在页面中的位置。

当用户退出备注母版视图时，对备注母版所做的修改将应用到演示文稿中的所有备注页上。只有在备注视图下，对备注母版所做的修改才能表现出来。

> **知识点滴**
>
> 无论在幻灯片母版视图、讲义母版视图还是备注母版视图中，如果要返回到普通模式时，只需要在默认打开的功能区中单击【关闭母版视图】按钮即可。

6.3.2 设置幻灯片母版

幻灯片母版决定着幻灯片的外观，用于设置幻灯片的标题、正文文字等样式，包括字体、字号、字体颜色、阴影等效果；也可以设置幻灯片的背景、页眉页脚等内容。简而言之，幻灯片母版可以为所有幻灯片设置默认的版式。

1. 修改母版版式

在PowerPoint 2013中创建的演示文稿都带有默认的版式，这些版式一方面决定了占位符、文本框、图片等内容在幻灯片中的位置，另一方面决定了幻灯片中文本的样式。

母版版式是通过母版上的各个区域的设置来实现的。在幻灯片母版视图中，用户可以按照自己的需求修改母版版式。

【例6-4】在"设计模板"演示文稿母版视图中设置版式和文本格式。

📹视频+素材 (光盘素材\第06章\例6-4)

步骤 01 启动PowerPoint 2013应用程序，打开"设计模板"演示文稿，打开【视图】选项卡，在【母版视图】组中单击【幻灯片母版】按钮，打开幻灯片母版视图。

步骤 02 选中【单击此处编辑母版标题样式】文字，在自动弹出的浮动工具栏中设置文字标题样式的字体为【华文隶书】、字号为60、字体颜色为【绿色】、字形为【加粗】。

步骤 03 选中【单击此处编辑母版副标题样式】文字，在【开始】选项卡的【字体】组中设置文字副标题样式的字号为28、字体颜色为【金色，着色4，深色50%】、字形为【加粗】。

步骤 04 在窗口左侧的任务窗格中选中第1张幻灯片，将其显示在母版编辑区。

🔖知识点滴

进入幻灯片母版视图，在第1张幻灯片中可以进行全局的设置。另外在其他不同的幻灯片中可以进行不同版式的设置，这些设置将分别应用在相应的版式中。

步骤 05 选中【单击此处编辑母版标题样式】占位符，拖动鼠标调节其大小，然后设置文字标题样式的字体为【华文新魏】、字体颜色为【绿色】、字形为【加粗】、【阴影】。

步骤 06 拖动鼠标调节【单击此处编辑母版文本样式】占位符的大小和位置。

步骤 07 将鼠标光标定位在第1级项目符号处，在【开始】选项卡的【段落】组中的单击【项目符号】下拉按钮 ☷ ，从弹出的菜单中选择【项目符号和编号】命令，打开【项目符号和编号】对话框。

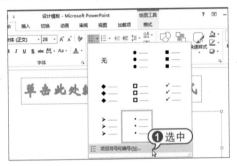

步骤 08 打开【项目符号】选项卡，选中空心样式，单击【颜色】按钮，从弹出的颜色面板中选择【浅绿】色块，单击【确定】按钮，完成设置。

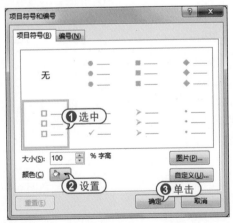

步骤 09 使用同样的方法，设置其他级别的项目符号。

> **知识点滴**
>
> 在幻灯片母版视图中，还可以通过在母版中插入占位符来快速实现版式设计。在【幻灯片母版】选项卡的【母版版式】组中，单击【插入占位符】按钮，从弹出的列表中选择对应的内容即可。另外，在【编辑母版】组中，单击【插入版式】按钮，即可在幻灯片母版视图添加一个新的母版版式。

步骤 10 打开【幻灯片母版】选项卡，在【关闭】组中单击【关闭母版视图】按钮，返回到普通视图模式下，查看更改后的幻灯片效果。

步骤 11 在快速访问工具栏中单击【保存】按钮 日，保存"设计模板"演示文稿。

2. 编辑母版背景

一个精美的设计模板少不了背景图片或图形的修饰。用户可以根据实际需要在幻灯片母版视图中设置背景。例如希望让某个艺术图形(公司名称或徽标等)出现在每张幻灯片中，只需将该图形置于幻灯片母版上，此时该对象将出现在每张幻灯片的相同位置上，而不必在每张幻灯片中重复添加。

【例6-5】在"设计模板"演示文稿母版视图中添加图片和图形，并调节其大小和位置。

📹视频+素材 (光盘素材\第06章\例6-5)

步骤 01 启动PowerPoint 2013应用程序，打开"设计模板"演示文稿，按Enter键新建一张幻灯片。

步骤 02 打开【视图】选项卡，在【母版视图】组中单击【幻灯片母版】按钮，打开幻灯片母版视图，在幻灯片母版视图中，单击窗口左侧幻灯片缩略图窗口中的第1张幻灯片，将其显示在母版编辑区。

步骤 03 打开【插入】选项卡，在【插图】组中单击【形状】按钮，从弹出的下拉列表中选择【矩形】栏中的【矩形】选项。

步骤 04 在幻灯片编辑窗口中，拖动鼠标绘制一个与幻灯片宽度相等的矩形。

步骤 05 打开【绘图工具】的【格式】选项卡，在【形状样式】组中单击【形状填充】按钮，从弹出的颜色面板中选择【橙色】色块，单击【形状轮廓】按钮，从弹出的菜单中选择【无轮廓】命令。

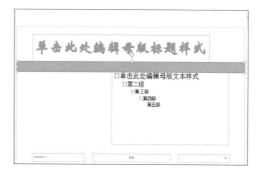

步骤 06 打开【插入】选项卡，在【图像】组中单击【图片】按钮，打开【插入图片】对话框，选择要插入的图片，单击【插入】按钮。

步骤 07 此时，选中的图片将插入到幻灯片中，拖动鼠标调节图片的位置和大小，选中图片，右击，从弹出的快捷菜单中选择【置于底层】命令，此时图片将放置在幻灯片的最底层。

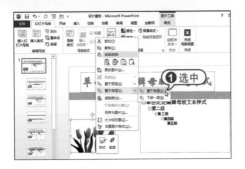

步骤 08 打开【幻灯片母版】选项卡，在【关闭】组中单击【关闭母版视图】按钮，返回到普通视图模式下。

步骤 09 在快速访问工具栏中单击【保存】按钮，保存"设计模板"演示文稿。

3. 设置页眉和页脚

在制作幻灯片时，使用PowerPoint提供的页眉页脚设置功能，可以为每张幻灯片添加相对固定的信息。

要插入页眉和页脚，只需在【插入】选项卡的【文本】选项组中单击【页眉和页脚】按钮，打开【页眉和页脚】对话框，在其中进行相关操作即可。

插入页眉和页脚后，可以在幻灯片母版视图中对其格式进行统一设置。

【例6-6】 在"设计模板"演示文稿中添加页脚。

（视频+素材）(光盘素材\第06章\例6-6)

步骤 01 启动PowerPoint 2013应用程序，打开"设计模板"演示文稿，打开【插入】选项卡，在【文本】选项组中单击【页眉和页脚】按钮，打开【页眉和页脚】对话框。

步骤 02 选中【日期和时间】、【幻灯片编号】、【页脚】、【标题幻灯片中不显示】复选框，并在【页脚】文本框中输入"由QWQ制作"，单击【全部应用】按钮，为除第1张幻灯片以外的幻灯片添加页脚。

步骤 03 打开【视图】选项卡，在【母版视图】组中单击【幻灯片母版】按钮，切换到幻灯片母版视图，在左侧预览窗格中选择第1张幻灯片，将该幻灯片母版显示在编辑区域。

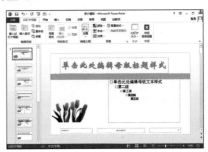

步骤 04 选中所有的页脚文本框，设置字体为【幼圆】，字型为【加粗】，拖动鼠标调节时间和编号占位符的位置。

步骤 05 打开【幻灯片母版】选项卡，在【关闭】选项组中单击【关闭母版视图】按钮，返回到普通视图模式。

步骤 06 在快速访问工具栏中单击【保存】按钮，保存"设计模板"演示文稿。

6.4 实战演练

本章的实战演练部分主要介绍在母版视图中制作"浪漫式效果"母版实例操作，用户通过练习可以巩固本章所学知识。

【例6-7】在PowerPoint 2013中，制作"浪漫式效果"母版。

📹视频+素材 (光盘素材\第06章\例6-7)

步骤 01 启动PowerPoint 2013应用程序。打开一个空白演示文稿，在快速访问工具栏中单击【保存】按钮，将其以"浪漫式效果"为名进行保存。

步骤 02 打开【视图】选项卡，在【母版视图】组中单击【幻灯片母版】按钮，进入幻灯片母版视图编辑状态。

步骤 03 选中左侧的第1张幻灯片缩略图，将其显示在母版视图编辑窗口。

步骤 04 在【背景】组中单击【背景样式】下拉按钮，从弹出的下拉菜单中选择【设置背景格式】命令，打开【设置背景格式】对话框的【填充】选项卡，选中【图片或纹理填充】单选按钮，单击【文件】按钮。

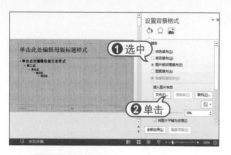

实战技巧

　　为了能够迎合主题，需要在背景图片等设计上更进一步地完善幻灯片母版。通常情况下，默认模板与主题在色彩上的对比有很大差别，主要是版式过于单调，这时就可以利用Photoshop软件来制作多张素材图片(可以是摄影照片，也可以是购买的版权图片，在一部分素材网站上也可以获得免费资源)，然后将这些制作好的素材图片作为幻灯片背景的使用。

步骤 05 打开【插入图片】对话框，在其中选择要作为背景的素材图片，单击【插入】按钮。

步骤 06 此时，选中的图片即可作为统一的幻灯片背景应用于母版中。

步骤 07 选中【单击此处编辑母版标题样式】占位符，设置其字体为【华文琥珀】，字号为44，字体颜色为【蓝色，着色5，深色25%】；选中文本占位符，设置其字体为【华文宋体】，字号为28；选中页脚文本框，设置其字体为【华文楷体】，字体颜色为【蓝色，着色5，深色25%】。

步骤 08 选中【单击此处编辑母版标题样式】占位符，拖动鼠标调节至合适位置。

步骤 09 打开【幻灯片母版】选项卡，在【背景】组中单击【背景样式】下拉按钮，从弹出的下拉菜单中选择【设置背景格式】命令，打开【设置背景格式】对话框。

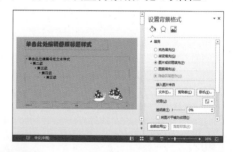

步骤 10 单击【文件】按钮，打开【插入图片】对话框，在其中选择要作为背景的素材图片，单击【插入】按钮。

步骤 11 返回至【设置背景格式】对话框，单击【关闭】按钮，即可在幻灯片母版编辑窗口中显示标题幻灯片的背景。

步骤 12 选中【单击此处编辑母版标题样式】占位符，设置其字体为【华文彩云】，字号为54，字形为【加粗】、【阴影】；设置【单击此处编辑母版副标题演示】占位符，设置其字体为【华文隶书】，字号为32，字形为【倾斜】。

步骤 13 拖动鼠标调节【单击此处编辑母版标题样式】占位符和【单击此处编辑母版副标题演示】占位符的大小和位置，使其填满图片的上下两条绿线。

步骤 14 选中左侧的第1张幻灯片缩略图，将其显示在母版视图编辑窗口，打开【插入】选项卡，在【插图】组中单击【形状】按钮，从弹出的【矩形】菜单列表中选择【矩形】选项。

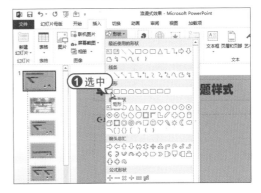

步骤 15 拖动鼠标在母版幻灯片中绘制一个与幻灯片的宽度相同的矩形。

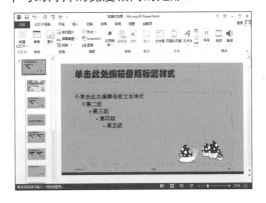

步骤 16 打开【绘图工具】的【格式】选项卡，在【形状样式】组中单击【形状填充】按钮，从弹出的选择颜色面板中【橙色，着色2，深色25%】色块；然后单击【形状轮廓】按钮，从弹出的颜色面板中选择【橙色，着色2，深色25%】色块。

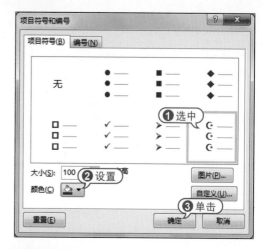

步骤 17 选中所有级别的项目文本，单击【段落】组中【项目符号】下拉按钮，从弹出的菜单中选择【项目符号和编号】命令，打开【项目符号和编号】对话框，单击【自定义】按钮。

步骤 20 此时，在文本占位符中自动应用设置好的项目符号。

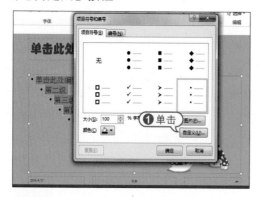

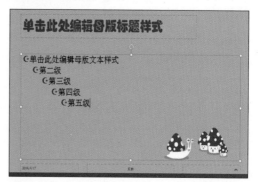

步骤 18 打开【符号】对话框，在【字体】下拉列表中选择Wingdings选项，并在其下列表中选择一种符号，单击【确定】按钮。

步骤 21 将光标定位在第二级项目符号文本中，使用同样的方法，打开【项目符号和编号】对话框，在【大小】微调框中输入80，单击【确定】按钮。

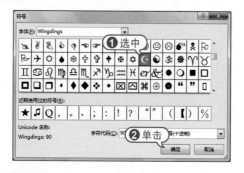

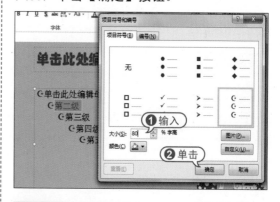

步骤 19 返回至【项目符号和编号】对话框，单击【颜色】下拉按钮，从弹出的演示面板中选择【深红】色块，单击【确定】按钮。

步骤 22 使用同样的方法，设置第三级文本项目符号大小为60%，设置第四级文本项目符号大小为50%，设置第五级文本项目符号大小为40%。

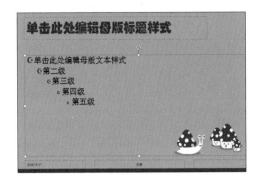

步骤 23 选中左侧的第2张幻灯片缩略图，将其显示在母版视图编辑窗口，打开【幻灯片母版】选项卡，在【背景】组中选中【隐藏背景图形】复选框，即可隐藏该张幻灯片中底部绘制的矩形图形。

步骤 25 在幻灯片缩略图中选中第1张幻灯片，按Enter键，添加一张幻灯片，即可自动套用在母版中设置的格式。

步骤 24 在【关闭】选项组中单击【关闭母版视图】按钮，返回到普通视图模式。

步骤 26 在快速访问工具栏中单击【保存】按钮🖪，保存"浪漫式效果"演示文稿。

知识点滴

不管是备注母版还是讲义母版，其设置、美化方法和幻灯片母版相同，都是进入母版视图编辑窗口，进行相关操作。

专家答疑

>> 问：如何区别PowerPoint中的模板和母版的概念？

答：所谓母版，全称为幻灯片母版，它区别于平时所提及的"模板"概念。"幻灯片母版"是一个更精准的概念，它是存储有关应用的设计模板信息的幻灯片，包括字形、占位符设置、背景设计和配色方案。幻灯片母版、讲义母版和备注母版统称为母版。

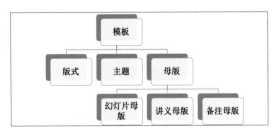

"模板"的概念在"幻灯片母版"之上。模板是创建的.poxt文件，该文件记录了对幻灯片母版、版式(幻灯片上标题和副标题文本、列表、图片、表格、图表、自选图形和视频等元素的排列方式)和主题(一组统一的设计元素，使用颜色、字体和图形设置文档的外观)组合所做的任何自定义修改。

➢ 问：如何更改演示文稿显示模式？

答：如果一些播放设备只支持灰度投影或黑白投影，则需要通过灰度或黑白方式显示幻灯片，以利于测试幻灯片显示的清晰度。在PowerPoint 2013中，允许用户选择显示幻灯片内容的色调，包括显示颜色、灰度和黑白3种。打开【视图】选项卡，在【颜色/灰度】组中选择相应的显示模式。单击【灰度】按钮，功能区将自动出现【灰度】选项卡，在【更改所选对象】组中选择需要的选项即可。

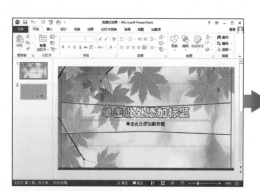 

读书笔记

第7章

在幻灯片中插入多媒体

　　在PowerPoint中可以方便地插入视频和音频等多媒体对象，使用户的演示文稿从画面到声音，多方位地向观众传递信息。本章将介绍在幻灯片中插入声音和影片等以及设置多媒体对象的方法。

7.1 在幻灯片中插入声音

在制作幻灯片时，用户可以根据需要插入声音，从而向观众增加传递信息的通道，增强演示文稿的感染力。插入声音文件时，需要考虑到演讲效果，避免插入的声音影响文档原有声音。

7.1.1 插入剪贴管理器中的声音

剪贴管理器中提供系统自带的声音文件，可以像插入图片一样将剪辑管理器中的声音插入演示文稿中。

打开【插入】选项卡，在【媒体】组中单击【音频】按钮下方的下拉箭头，在弹出的下拉菜单中选择【联机音频】命令，此时PowerPoint将自动打开【插入音频】窗格，可以在该窗格的搜索框内输入关键字查找相应的声音。

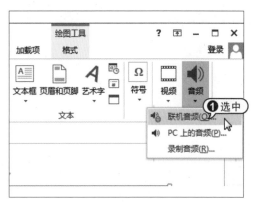

在【Office.com剪贴画】文本框中输入文本，单击【搜索】按钮，搜索剪贴画音频。在下方的选择搜索结果列表框中单击要插入的音频，即可将其插入到幻灯片中。插入声音后，PowerPoint会自动在当前幻灯片中显示声音图标。

将鼠标指针移动到声音图标后，自动弹出浮动控制条，单击【播放】按钮▶，即可试听声音。

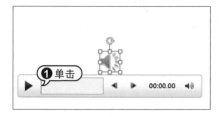

在插入声音后，功能区将自动出现【播放】选项卡，选择【播放】选项卡的【音频选项】组，单击【开始】下拉按钮，选择【自动】选项，声音将会在放映当前幻灯片时播放，选择【单击时】选项，则在放映幻灯片时，只有用户单击声音图标后才开始播放插入的声音。

7.1.2 插入文件中的声音

PowerPoint 2013允许用户为演示文稿插入多种类型的声音文件，包括各种采集的模拟声音和数字音频。这些音频类型如下表所示。

音频格式	说　　明
AAC	ADTS Audio，Audio Data Transport Stream(用于网络传输的音频数据)
AIFF	音频交换文件格式
AU	UNIX系统下波形声音文档
MIDI	乐器数字接口数据，一种乐谱文件
MP3	动态影像专家组制定的第三代音频标准，也是互联网中最常用的音频标准
MP4	动态影像专家组制定的第四代视频压缩标准
WAV	Windows波形声音
WMA	Windows Media Audio，支持证书加密和版权管理的Windows媒体音频

从文件中插入声音时，需要在【音频】下拉菜单中选择【PC上的音频】命令，打开【插入音频】对话框，从该对话框中选择需要插入的声音文件。

● 实战技巧 ●

在默认情况下，添加的声音只对当前幻灯片有效。在播放时，只有切换到当前幻灯片时才有声音，切换到其他幻灯片时便没有声音了。

【例7-1】制作演示文稿"小桥流水"，在幻灯片中插入来自文件的声音。

▣ 视频+素材 (光盘素材\第02章\例2-1)

步骤 01 启动PowerPoint 2013应用程序，打开一个空白演示文稿，单击【文件】按钮，从弹出的界面中选择【新建】命令，

并在右边的窗格中选择"丝状"模板，在弹出的菜单中选择淡蓝色选项，单击【创建】按钮。并将其以"小桥流水"为名保存。

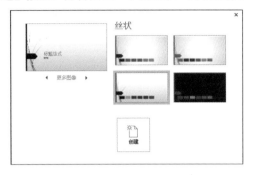

步骤 02 此时，新建一个基于模板的演示文稿，将其以"小桥流水"为名保存。

步骤 03 在【单击此处添加标题】文本占位符中输入文字"夕阳下的景色"，设置其字体为【华文琥珀】，字形为【阴影】；在【单击此处添加副标题】文本占位符中输入文字"天净沙 秋思"，设置其字体为【幼圆】，字号为24，对齐方式为【居中】。

步骤 04 打开【插入】选项卡，在【媒体】组中单击【音频】下拉按钮，在弹出的命令列表中选择【PC上的音频】命令。

步骤 05 打开【插入声音】对话框，选择一个【流水声】音频文件，单击【插入】按钮。

步骤 06 此时，幻灯片中将出现声音图标，使用鼠标将其拖动到幻灯片的右上角。

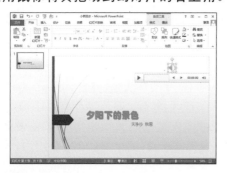

步骤 07 按Enter键，添加一张新幻灯片，在幻灯片预览窗口中选择第2张幻灯片缩略图，将其显示在幻灯片编辑窗口中。

步骤 08 在【单击此处添加标题】文本占位符中输入文本，设置其字体为【华文彩云】，字号为54；在【单击此处添加文本】占位符中输入文本，设置其字体为【幼圆】，字号为36，调节占位符大小。

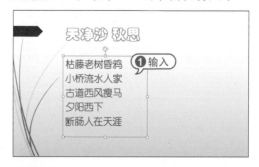

步骤 09 在快速访问工具栏中单击【保存】按钮 ，保存"小桥流水"演示文稿。

7.1.3 为幻灯片配音

在演示文稿中不仅可以插入既有的各种声音文件，还可以现场录制声音(即配音)，例如，为幻灯片配解说词等；这样在放映演示文稿时，制作者不必亲临现场也可以很好地将自己的观点表达出来。

使用PowerPoint 2013提供的录制声音功能，可以将自己的声音插入到幻灯片中。打开【插入】选项卡，在【媒体】组中单击【声音】按钮下方的下拉箭头，从弹出的下拉菜单中选择【录制音频】命令，打开【录音】对话框。

在【录制】对话框的【名称】文本框可以为录制的声音设置一个名称，在【声音总长度】后面可以显示录制的声音长度。

准备好麦克风后，在【名称】文本框中输入该段录音的名称，然后单击【录音】按钮 ●，即可开始录音；单击【停止】按钮 ■，可以结束该次录音；单击【播放】按钮 ▶，可以回放录制完毕的声音；单击【确定】按钮，可以将录制完毕的声音插入到当前幻灯片中。

实战技巧

若要正常录制声音，电脑中必须要配备有声卡和麦克风。当插入录制的声音后，PowerPoint将在当前幻灯片中自动创建一个声音图标 🔊。

7.2 在幻灯片中插入视频

PowerPoint中的影片包括视频和动画，用户可以在幻灯片中插入的视频格式有十几种，而可以插入的动画则主要是GIF动画。PowerPoint支持的影片格式会随着媒体播放器的不同而有所不同。在PowerPoint中插入视频及动画的方式主要有从文件插入和从网站插入等。

7.2.1 插入电脑中的视频文件

用户可以选择插入来自文件中的视频文档，PowerPoint支持多种类型的视频文档格式，允许用户将绝大多数视频文档插入到演示文稿中。常见的PowerPoint视频格式如下表所示。

音频格式	说　明
ASF	高级流媒体格式，微软开发的视频格式
AVI	Windows视频音频交互格式
QT,MOV	QuickTime视频格式
MP4	第4代动态图像专家格式
MPEG	动态图像专家格式
MP2	第2代动态图像专家格式
WMV	Windows媒体视频格式

插入电脑中保存的影片有两种方法，一是通过【插入】选项卡的【媒体】组插入，二是通过单击占位符中的【插入媒体剪辑】按钮 🎬 插入。但无论采用哪种方法，都打开【插入视频】对话框，像选择声音文件一样，选中影片，单击【插入】按钮，即可将所需的影片插入到演示文稿中。

【例7-2】在"小桥流水"演示文稿中，插入电脑中的视频文件。

🎬(视频+素材) (光盘素材\第07章\例7-2)

步骤 01 启动PowerPoint 2013应用程序，

打开"小桥流水"演示文稿，在幻灯片预览窗口中选择第2张幻灯片缩略图，将其显示在幻灯片编辑窗口中。

步骤 02 打开【插入】选项卡，在【媒体】组单击【视频】下拉按钮，从弹出的下拉菜单中选择【PC上的视频】命令。

步骤 03 打开【插入视频文件】对话框，打开文件的保存路径，选择视频文件，单击【插入】按钮。

步骤 04 此时，幻灯片中显示插入的影片文件，在幻灯片中调整其位置和大小。

● **知识点滴**

在PowerPoint中插入的影片都是以链接方式插入的，若要在另一台计算机上播放该演示文稿，必须在复制该演示文稿的同时复制它链接的影片文件。

步骤 05 打开【插入】选项卡，在【插图】组中单击【联机图片】按钮，打开【插入图片】任务窗格，在【搜索Office.com】文本框中输入"桥梁"，单击【搜索】按钮，搜索剪贴画，在【搜索结果】列表框中单击剪贴画，将其插入幻灯片中。

步骤 06 使用鼠标拖动法调节剪贴画的位置和大小。

步骤 07 在快速访问工具栏中单击【保存】按钮，保存"小桥流水"演示文稿。

7.2.2 设置视频属性

在PowerPoint中插入视频后，用户不仅可以调整它们的位置、大小、亮度、对比度、旋转等，还可以对它们进行剪裁、设置透明色、重新着色及设置边框线等简单处理，应用各种效果。

在幻灯片中选中插入的影片，功能区将出现【视频工具】的【格式】和【播放】选项卡。使用功能按钮可以对影片格式和播放格式进行简单的设置。

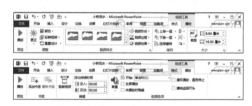

● **实战技巧**

在【格式】选项卡中进行的设置操作与图片设置方法相同；在【播放】选项卡中进行的设置操作与音频设置方法相同。

【例7-3】在"小桥流水"演示文稿中，设置影片的格式。

▶【视频+素材】(光盘素材\第07章\例7-3)

步骤 01 启动PowerPoint 2013应用程序，

打开"小桥流水"演示文稿，在幻灯片预览窗口中选择第2张幻灯片缩略图，将其显示在幻灯片编辑窗口中。

步骤 02 选中影片，打开【视频工具】的【格式】选项卡，在【调整】组中单击【更正】按钮，从弹出的【亮度和对比度】列表中选择【亮度:+20% 对比度:+40%】选项。

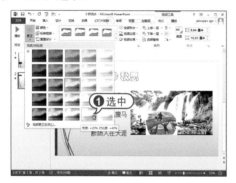

步骤 03 在【视频样式】组中单击【其他】按钮，从弹出的【强烈】菜单列表中选择【监视器，灰色】选项，快速为视频应用该视频样式。

步骤 04 此时，应用了视频样式的幻灯片效果如下图所示。

步骤 05 选择视频，在【视频样式】组中单击【视频边框】按钮，从弹出的菜单中选择【其他轮廓颜色】命令，打开【颜色】对话框。

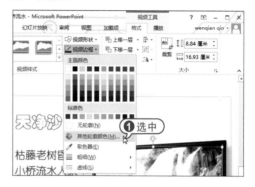

步骤 06 打开【标准】选项卡，选择一种轮廓样式，单击【确定】按钮，即可为视频添加该颜色的边框。

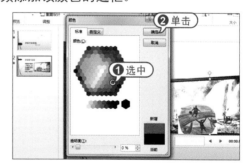

步骤 07 此时，添加了视频边框的幻灯片效果如下图所示。

步骤 08 选择视频，打开【视频工具】的【播放】选项卡，在【编辑】组中设置【淡入】值为03.00，【淡出】值为03.00，在【视频选项】组中选中【全屏播放】复选框，在【开始】下拉列表选择【单击时】选项，单击【音量】下拉按钮，从弹出的下拉菜单中选择【中】选项，设置播放影片时的音量。

步骤 09 返回至幻灯片编辑窗口，查看视频的整体效果。

知识点滴

在【视频工具】的【播放】选项卡的【预览】组中，单击【播放】按钮，即可播放幻灯片中的影片；右击幻灯片中的影片，从弹出的快捷菜单中选择【预览】命令，同样可以实现影片的播放。

步骤 10 在快速访问工具栏中单击【保存】按钮，保存"小桥流水"演示文稿。

7.3 设置媒体文件

PowerPoint不仅允许用户为演示文稿插入音频，还允许用户控制声音播放，并设置音频的各种属性。

7.3.1 设置声音属性

每当用户插入一个声音，系统都会自动创建一个声音图标，用以显示当前幻灯片中插入的声音。用户可以单击选中的声音图标，也可以使用鼠标拖动来移动位置，或是拖动其周围的控制点来改变图标的大小。在幻灯片中选中声音图标，功能区将出现【音频工具】的【播放】选项卡。

该选项卡中各选项的含义如下。

⊙【播放】按钮：单击该按钮，可以试听声音效果，再次单击该按钮即可停止收听。

⊙【剪裁音频】按钮：单击该按钮，打开【剪裁音频】对话框，在其中可以手动拖动进度条中的绿色滑块，调节剪裁的开始时间，同时也可以调节红色滑块，修改剪裁的结束时间。

⊙【淡入】微调框：为音频添加开始播放时的音量增大特效。

⊙【淡出】微调框：为音频添加停止播放时的音量缩小特效。

⊙【音量】按钮：单击该按钮，从弹出的下拉菜单中可设置音频的音量大小；选择【静音】选项，则关闭声音。

⊙【放映时隐藏】复选框：选中该复选框，在放映幻灯片的过程中将自动隐藏表示声音的图标。

> 【跨幻灯片播放】复选框：选择该选项时，则该声音文件不仅在插入的幻灯片中有效，而且在演示文稿的所有幻灯片中均有效。

> 【循环播放，直到停止】复选框：选中该复选框，在放映幻灯片的过程中，音频会自动循环播放，直到放映下一张幻灯片或停止放映为止。

> 【开始】下拉列表框：该列表框中包含【自动】、【在单击时】2个选项。

> 【播放返回开头】复选框：选中该复选框，可以设置音频播放完毕后自动返回幻灯片开头。

实战技巧

用户可以使用鼠标拖动来移动选中的声音图标位置，或是拖动其周围的空点来改变图标大小。

【例7-4】在"小桥流水"演示文稿中，设置声音的属性。

视频+素材（光盘素材\第07章\例7-2）

步骤 01 启动PowerPoint 2013应用程序，打开"小桥流水"演示文稿，在第1张幻灯片中，选中声音图标 ，打开【音频工具】的【播放】选项卡，在【编辑】组中单击【剪裁音频】按钮，打开【剪裁音频】对话框。

步骤 02 向右拖动左侧的绿色滑块，调节剪裁的开始时间为01:08:228；向左拖动右侧的红色滑块，调节剪裁的结束时间为

01:42:362，单击【播放】按钮 ，试听剪裁后的声音，确定剪裁内容。

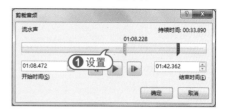

步骤 03 单击【确定】按钮，即可完成剪裁工作，自动将剪裁过的音频文件插入到演示文稿中。

步骤 04 选中剪裁的音频，在【播放】选项卡的【编辑】组中，设置【淡入】值为05.00，【淡出】值为03.00。

步骤 05 在【播放】选项卡的【音频选项】组中，单击【音量】按钮，从弹出的菜单中选择【低】选项，设置音频播放音量为低。

步骤 06 在【音频选项】组中的【开始】下拉列表中选择【自动】选项，设置音频自动开始播放；选中【放映时隐藏】复选

框，设置音频图标在幻灯片放映时隐藏。

步骤 07 在快速访问工具栏中单击【保存】按钮█，将设置音频属性后的"小桥流水"演示文稿保存。

7.3.2 试听声音播放效果

用户可以在设计演示文稿时，试听插入的声音。当选中插入的音频时，浮动控制条将自动打开。

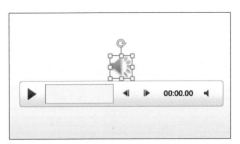

单击浮动控制条中的各个按钮，用来控制音频的播放。

◉ 【播放】按钮▶：用于播放声音。

◉ 【向后移动】按钮◀：可以将声音倒退0.25秒。

◉ 【向前移动】按钮▶：可以将声音快进0.25秒。

◉ 【音量】按钮◀）：用于音量控制。当单击该按钮时，会弹出音量滑块，向上拖动滑块为放大音量，向下拖动滑块为缩小音量。

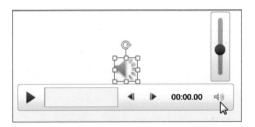

知识点滴

除了通过浮动控制条播放音频外，用户还可以打开【音频工具】的【播放】选项卡，在【预览】组中单击【播放】按钮，即可播放插入的音频。

7.4 使用控件插入多媒体对象

在早期版本的PowerPoint中，使用插入文件中的声音功能无法将MP3文件嵌入到演示文稿中，只是创建了一个指向文件的链接。当将该演示文稿拷贝到其他计算机上，则无法播放所插入的声音。使用MP3 AddIn插件可以完美地解决将MP3文件嵌入到PPT的问题。

MP3 AddIn插件的工作原理：MP3 AddIn在内部给MP3文件增加一个文件头并更改其文件名，使PowerPoint把插入的MP3文件当作WAV文件来处理。只重写MP3文件的文件头，最大的好处就是文件大小变化不大。而真正的文件格式转换则会使文件大小急剧的增长。

MP3 AddIn插件可以保持MP3文件体积小巧的优势，从而使幻灯片文件更小更

简洁。在将演示PPT发送给客户或者朋友时，不用附加单独的MP3文件。在使用之前，必须首先安装插件。

【例7-5】 在安装PowerPoint 2013应用程序的电脑中安装MP3 AddIn。

步骤 01 从网站中下载MP3 AddIn插件，双击下载的安装文件。

　　MP3 AddIn插件的下载网址为http: \\www.cr173.com/soft/27898.html。

步骤 02 打开安装向导对话框，阅读欢迎信息，单击Next按钮。

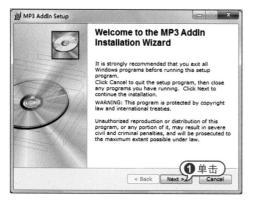

步骤 03 在打开的【使用信息】对话框中，设置账户和使用权限，单击Next按钮。

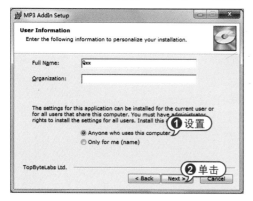

步骤 04 在打开的【目标文件夹】对话框，选择所要安装的路径，这里保持默认的路径，单击Next按钮。

✦●✦ 知识点滴 ✦●✦

　　如果要重新设置安装盘符，可以单击Browse(浏览)按钮，在打开的对话框中选择所要安装在的路径。

步骤 05 打开【准备安装应用程序】对话框，单击Next按钮。

步骤 06 在打开的【更新系统】对话框中，显示插件的安装进度。

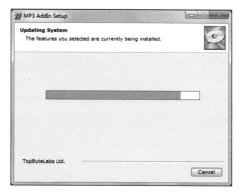

步骤 07 安装完毕后，自动打开【下载插件已成功安装】对话框，单击Finish按钮，完成插入的安装。

步骤 08 启动PowerPoint 2013应用程序，在工作界面功能区中显示安装的插件加载项，即MP3 AddIn选项卡。

7.5 实战演练

本章的实战演练部分主要介绍制作"咖啡拉花技巧"演示文稿综合实例操作，用户通过练习可以巩固本章所学知识。

【例7-6】制作"咖啡拉花技巧"演示文稿，并插入声音和视频。

▣ 视频+素材 (光盘素材\第07章\例7-6)

步骤 01 启动PowerPoint 2013应用程序，打开一个空白演示文稿，单击【文件】按钮，在打开的界面中选择【新建】命令，然后在右侧的模板窗格中选择适合的模板，单击【创建】按钮，并将其以"咖啡拉花技巧"为名保存。

步骤 02 在【标题】文本占位符中输入"咖啡拉花技巧"，设置其字体为【华文琥珀】，字号为48，字形为【阴影】，对齐方式为【居中】；在【副标题】文本占位符中输入文本，设置其字号为28，字形为【加粗】，字体颜色为【橙色，着色3，深色25%】，对齐方式为【右对齐】。

步骤 03 打开【插入】选项卡，在【媒体】组单击【音频】下拉按钮，从弹出的下拉菜单中选择【PC上的音频】命令。

步骤 04 打开【插入音频】对话框，选择文件路径，选择音频文件，单击【插入】按钮。

步骤 05 此时，该音频文件将插入到幻灯片中，拖动音频图标至合适的位置。

步骤 06 选中音频图标，打开【音频工具】的【播放】选项卡，在【编辑】组中单击【剪裁音频】按钮。

步骤 07 打开【剪裁音频】对话框，拖动绿色和红色滑块设置音频的开始时间和结束时间，单击中间的【播放】按钮，试听剪裁的音频，单击【确定】按钮，完成剪裁工作。

步骤 08 打开【插入】选项卡，在【图像】组中单击【联机图片】按钮，在弹出的【插入图片】对话框中的【搜索Office.com】文本框中输入【人物】字样，单击【搜索】按钮，打开【Office.com剪贴画】任务窗格，显示所有的视频文件。

步骤 09 在列表框中单击要插入的剪贴画，将其插入到幻灯片中，拖动鼠标调节其大小和位置。

步骤 10 在幻灯片预览窗口中选择第2张幻灯片缩略图，将其显示在幻灯片编辑窗口中。

步骤 11 在【单击此处添加标题】文本占位符中输入"拉花操作"，设置其字体为【华文琥珀】，字号为44，字形为【阴影】。

步骤 12 在【单击此处添加文本】占位符中单击【插入视频文件】按钮，打开【插入视频】对话框，单击【浏览】按钮。

步骤 13 在打开的【插入视频文件】对话框中，选择要插入的视频文件，单击【插入】按钮，将其插入到第2张幻灯片中。

步骤 14 此时，插入视频文件的演示文稿，效果如下图所示。

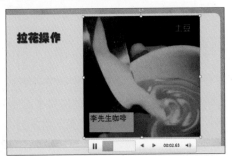

步骤 15 打开【视频工具】的【格式】选项卡，在【大小】组中单击【剪裁】按钮。

步骤 16 进入视频大小裁剪状态，拖动周边的控制条裁剪视频画面。

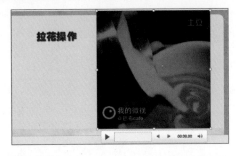

步骤 17 裁剪完毕后，在幻灯片任意处双击，退出裁剪状态，显示裁剪后的视频效果。

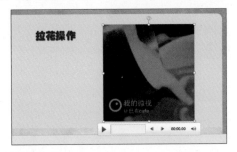

步骤 18 选中视频，在【格式】选项卡的【视频样式】组中单击【其他】按钮，从弹出的列表框中选择【棱台映像】选项，为视频快速应用该样式。

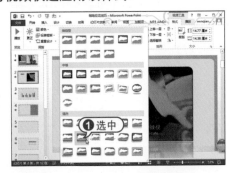

步骤 19 此时，应用了【棱台映像】视频样式的演示文稿效果如下图所示。

步骤 20 打开【视频工具】的【播放】选项卡，在【视频选项】组中单击【音量】下拉按钮，从弹出下拉菜单中选择【低】选项，然后选中【循环播放，直到停止】复选框，设置在放映幻灯片的过程中，影片会自动循环播放，直到放映下一张幻灯片或停止放映为止。

步骤 21 在幻灯片缩略图中选中第3张幻灯片，并将其显示在幻灯片编辑窗口，删除图表占位符。

步骤 22 在标题占位符中输入"主要技巧"，设置其字体为【华文琥珀】，字号为44，字形为【阴影】；在文本占位符中输入文本，设置其字号为32。

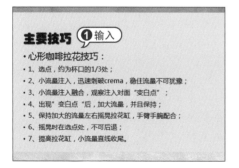

步骤 23 在幻灯片缩略图窗口中，选中第

4张幻灯片，将其显示在幻灯片编辑窗口，删除幻灯片中所有占位符。

步骤 24 打开【插入】选项卡，在【图像】组中单击【图片】按钮，打开【插入图片】对话框。

步骤 25 选中图片和GIF格式的动态图片，单击【插入】按钮，将其插入至幻灯片中。

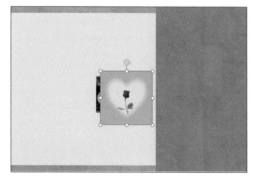

步骤 26 调节2个图片的位置，选中GIF图片，打开【图片工具】的【格式】选项卡，在【排列】组中单击【下移一层】下拉按钮，从弹出的下拉菜单中选择【置于底层】命令，将其放置在最底层显示。

步骤 27 在演示文稿窗口的状态栏中单击 【幻灯片浏览】按钮 ⊞，切换至幻灯片浏览 视图，以缩略图的方式查看制作的幻灯片。

步骤 28 在快速访问工具栏中单击【保 存】按钮 🖫，将制作好的"咖啡拉花技 巧"演示文稿保存。

专家答疑

➤➤ 问：如何剪裁PowerPoint中插入的视频？

答：将插入视频文件插入到指定的幻灯片中，选中该视频，打开【视频工具】的【播 放】选项卡，在【编辑】组中单击【裁剪视频】按钮，打开【裁剪视频】对话框，在其中 拖动进度条中的绿色滑块设置影片的开始时间，拖动红色滑块设置影片的结束时间，确定 剪裁的视频段落后，单击【确定】按钮，完成剪裁操作，此时自动将剪裁后的视频添加到 演示文稿中。

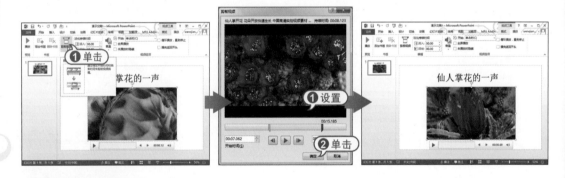

读书笔记

第8章

为幻灯片设置动画与切换

对应光盘视频

例8-1　为对象设置进入动画
例8-2　为对象设置强调动画
例8-3　为对象设置退出动画
例8-4　删除对象的动画效果
例8-5　重新排序幻灯片中的动画
例8-6　为对象设置动作路径
例8-7　设置动画计时选项
例8-8　设置动画触发器
本章其他视频文件参见配套光盘

在PowerPoint 2013中，用户可以为演示文稿的文本或多媒体对象添加特殊的视觉效果或声音效果。使用PowerPoint 2013提供的动画效果，可以设置幻灯片切换动画和对象的自定义动画。

8.1 为幻灯片中的对象添加动画效果

在PowerPoint中可以设置幻灯片的动画效果。所谓动画效果，是指为幻灯片内部各个对象设置的动画效果。用户可以对幻灯片中的文字、图形、表格等对象添加不同的动画效果，如进入动画、强调动画、退出动画和动作路径动画等。

8.1.1 添加进入效果

设置进入动画是为了让文本或其他对象以多种动画效果进入放映屏幕。在添加该动画效果之前需要选中对象。对于占位符或文本框来说，选中占位符、文本框和进入其文本编辑状态时，都可以添加该动画效果。

选中对象后，打开【动画】选项卡，单击【动画】组中的【其他】按钮，在弹出的【进入】列表框选择一种进入效果，即可为对象添加该动画效果。选择【更多进入效果】命令，将打开【更改进入效果】对话框，在该对话框中可以选择更多的进入动画效果。

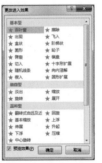

另外，在【高级动画】组中单击【添加动画】按钮，同样可以在弹出的【进入】列表框中选择内置的进入动画效果，若选择【更多进入效果】命令，则打开【添加进入效果】对话框，在该对话框中同样可以选择更多的进入动画效果。

知识点滴

如果选中【更改进入效果】和【添加进入效果】对话框最下方的【效果预览】复选框，那么在对话框中单击一种动画时，能在幻灯片编辑窗口中看见该动画的预览效果。

【例8-1】为"丽江之旅"演示文稿中的对象设置进入动画。

视频+素材 (光盘素材\第08章\例8-1)

步骤 01 启动PowerPoint 2013应用程序，打开"丽江之旅"演示文稿，在打开的第1张幻灯片中选中标题占位符，打开【动画】选项卡，在【动画】组中的【其他】按钮，从弹出的【进入】列表框选择【弹跳】选项。

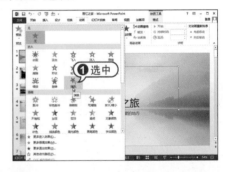

步骤 02 将正标题文字应用【弹跳】进入效果，同时预览进入效果，选中副标题占位符，在【高级动画】组中单击【添加动画】按钮，从弹出的菜单中选择【更多进入效果】命令。

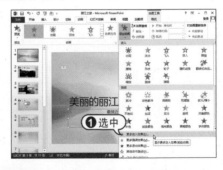

步骤 03 打开【添加进入效果】对话框，在【温和型】选项区域中选择【下浮】选项，单击【确定】按钮，为副标题文字将应用【下浮】进入效果。

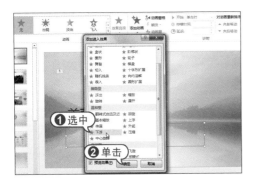

步骤 04 选择【插入】选项卡，在【图像】组中单击【图片】选项，在弹出的【插入图片】对话框中，选择一张图片，单击【插入】按钮，调整该图片的大小和位置。

步骤 05 选中剪贴画图片，单击【动画】组中的【其他】按钮▼，从弹出的菜单中选择【更多进入效果】选项，打开【更改进入效果】对话框，在【基本型】选项区域中选择【轮子】选项，单击【确定】按钮。

步骤 06 在【动画】组中单击【效果选项】下拉按钮，从弹出的下拉列表中选择【3轮辐图案】选项，为【轮子】设置进入效果属性。

步骤 07 完成第1张幻灯片中的对象的进入动画的设置，在幻灯片编辑窗口中以编号来显示标记对象。

步骤 08 在【动画】选项卡的【预览】组中单击【预览】按钮，即可查看第1张幻灯片中应用的所有进入效果。

步骤 09 在快速访问工具栏中单击【保存】按钮▤，保存设置进入效果后的"丽江之旅"演示文稿。

8.1.2 添加强调效果

　　强调动画是为了突出幻灯片中的某部分内容而设置的特殊动画效果。添加强调动画的过程和添加进入效果大体相同。选择对象后，在【动画】组中单击【其他】按钮▼，在弹出的【强调】列表框选择一种强调效果，即可为对象添加该动画效果。选择【更多强调效果】命令，将打开【更改强调效果】对话框，可以从中选择更多的强调动画效果。

另外，在【高级动画】组中单击【添加动画】按钮，同样可以在弹出的【强调】列表框中选择一种强调动画效果。若选择【更多强调效果】命令，则打开【添加强调效果】对话框，在该对话框中同样可以选择更多的强调动画效果。

【例8-2】为"丽江之旅"演示文稿中的对象设置强调动画。

📀【视频+素材】(光盘素材\第08章\例8-2)

步骤 01 启动PowerPoint 2013应用程序，打开"丽江之旅"演示文稿，在幻灯片缩略窗口中选中第5张幻灯片，将其显示在幻灯片编辑窗口中。

步骤 02 选中文本占位符，打开【动画】组中单击【其他】按钮，在弹出的【强调】列表框选择【画笔颜色】选项，为文本添加该强调效果，并预览该效果。

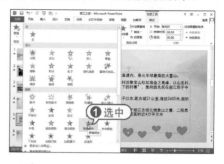

步骤 03 此时，为文本占位符中的每段项目文本自动编号。

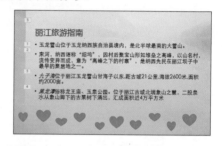

步骤 04 选中标题占位符，在【高级动画】组中单击【添加动画】按钮，同样可以在弹出的菜单中选择【更多强调效果】命令。

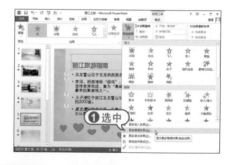

步骤 05 打开【添加强调效果】对话框，在【细微型】选项区域中选择【补色】选项，单击【确定】按钮，完成添加强调效果设置。

步骤 06 使用同样的方法，为第2和第3张幻灯片的标题占位符应用【补色】强调效果。

玉龙雪山

步骤 07 在快速访问工具栏中单击【保存】按钮🔲，保存设置强调效果后的"丽江之旅"演示文稿。

8.1.3 添加退出效果

退出动画是为了设置幻灯片中的对象退出屏幕的效果。添加退出动画的过程和添加进入、强调动画效果基本相同。

选中需要添加退出效果的对象，在【高级动画】组中单击【添加动画】按钮，在弹出的【退出】列表框中选择一种强调动画效果，若选择【更多退出效果】命令，则打开【添加退出效果】对话框，在该对话框中可以选择更多的退出动画效果。

● **知识点滴**
退出动画名称有很大一部分与进入动画名称相同，所不同的是它们的运动方向存在差异。

● **知识点滴**
选择对象后，在【动画】选项卡的【动画】组中单击【其他】按钮，在弹出的【退出】列表框中选择一种强调效果，即可为对象添加该动画效果。选择【更多退出效果】命令，将打开【更改退出效果】对话框，在该对话框中可以选择更多的退出动画效果。

【例8-3】 为"丽江之旅"演示文稿中的对象设置退出动画。

📀 视频+素材 (光盘素材\第08章\例8-3)

步骤 01 启动PowerPoint 2013应用程序，打开"丽江之旅"演示文稿，在幻灯片缩略窗口中选择第5张幻灯片缩略图，将其显示在幻灯片编辑窗口中。

步骤 02 选中心形图形，在【动画】选项卡的【动画】组中单击【其他】按钮，在弹出的菜单中选择【更多退出效果】命令。

❶选中

步骤 03 打开【更改退出效果】对话框，在【华丽型】选项区域中选择【飞旋】选项，单击【确定】按钮，完成设置。

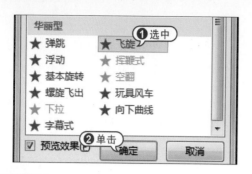

步骤 04 返回至幻灯片编辑窗口中，此时在心形图形前显示数字编号。

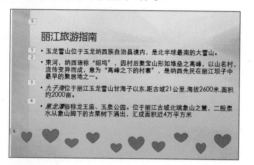

步骤 05 在【动画】选项卡的【预览】组中单击【预览】按钮，查看第5张幻灯片中应用的所有动画效果。

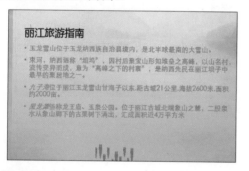

步骤 06 在快速访问工具栏中单击【保存】按钮，保存设置退出效果后的"丽江之旅"演示文稿。

8.1.4 删除动画效果

删除幻灯片中不需要的动画的操作非常简单，即单击设置动画效果对象左上角的数字按钮，直接按Delete键即可。除此之外，也可以通过【动画窗格】来删除动画。选择【动画】选项卡的【高级动画】组，单击【动画窗格】按钮，在弹出的【动画窗格】界面中，删除不需要的动画。

【例8-4】将"丽江之旅"演示文稿中的动画效果删除。

▶视频+素材 (光盘素材\第08章\例8-4)

步骤 01 启动PowerPoint 2013应用程序，打开"丽江之旅"演示文稿，在幻灯片缩略窗口中选择第5张幻灯片缩略图，将其显示在幻灯片编辑窗口中。

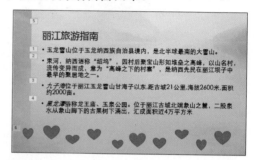

步骤 02 选择【动画】选项卡的【高级动画】组，单击【动画窗格】选项，即弹出【动画窗格】界面。

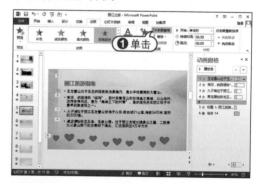

步骤 03 选中需要删除的动画效果，单击该动画效果后的下拉按钮，在弹出的菜单中选择【删除】选项。

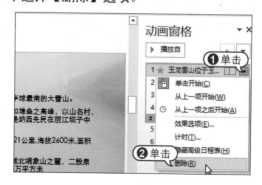

步骤 04 返回至幻灯片编辑窗口中，此时，幻灯片中的项目编号发生改变。

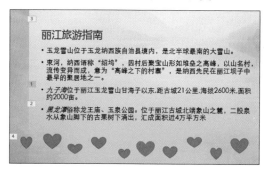

步骤 05 在快速访问工具栏中单击【保存】按钮 🖫，保存设置退出效果后的"丽江之旅"演示文稿。

8.1.5 改变动画播放顺序

在给幻灯片中的多个对象添加动画效果时，添加效果的顺序就是幻灯片放映时的播放次序。当幻灯片中的对象较多时，难免在添加效果时使动画播放次序产生错误，可以在动画效果添加完成后，再对其播放次序进行重新调整。

【动画窗格】中的动画效果列表是按照设置的先后顺序从上到下排列的，放映也是按照此顺序进行，用户若不满意动画播放顺序，可通过调整动画效果列表中各动画选项的位置来更改动画播放顺序，方法介绍如下。

❷ 通过拖动鼠标调整：在动画效果列表中选择要调整的动画选项，按鼠标左键不放进行拖动，此时有一条红色的横线随之移动，当横线移动到需要的目标位置时释放鼠标即可。

❷ 通过单击按钮调整：在动画效果列表中选择需要调整播放次序的动画效果，然后单击窗格底部的上移按钮 ⌃ 或下移按钮 ⌄ 来调整该动画的播放次序。其中，单击上移按钮，表示可以将该动画的播放次序提前一位，单击下移按钮，表示将该动画的播放次序向后移一位。

【例8-5】在"丽江之旅"演示文稿中调整动画播放序列。

(视频+素材)(光盘素材\第08章\例8-5)

步骤 01 启动PowerPoint 2013应用程序，打开"丽江之旅"演示文稿，在幻灯片缩略窗口中选择第5张幻灯片缩略图，将其显示在幻灯片编辑窗口中。

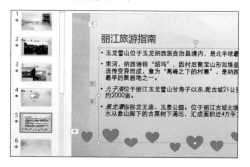

步骤 02 在功能区中打开【动画】选项卡，选择【高级动画】组，单击【高级动画】组里的【动画窗格】按钮，打开【动画窗格】界面。

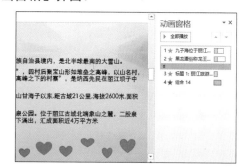

步骤 03 在【动画窗格】界面的动画效果列表中，选择【标题1】动画选项，单击界面顶部的上移按钮 ⌃ 两次，将该动画的播放次序移动到顶部。

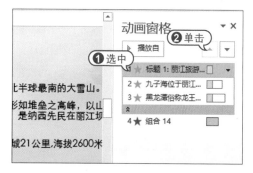

步骤 04 参照上一个步骤，将【黑龙潭】动画移动到第2个位置。

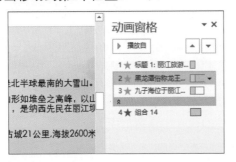

动画播放次序后的效果。

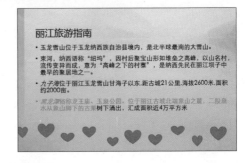

步骤 05 单击【播放自】按钮，预览调整

步骤 06 在快速访问工具栏中单击【保存】按钮，保存"丽江之旅"演示文稿。

8.2 设置动作路径

动作路径动画又称为路径动画，它可以指定文本等对象沿着预定的路径运动。PowerPoint 2013中的动作路径不仅提供了大量预设路径效果，还可以由用户自定义路径动画。

8.2.1 添加动作路径

添加动作路径效果的步骤与添加进入动画的步骤基本相同。在【动画】组中单击【其他】按钮|▾|，在弹出的【动作路径】列表框选择一种动作路径效果，即可为对象添加该动画效果。若选择【其他动作路径】命令，打开【更改动作路径】对话框，可以选择其他的动作路径效果。

另外，在【高级动画】组中单击【添加动画】按钮，在弹出的【动作路径】列表框中同样可以选择一种动作路径效果；选择【其他动作路径】命令，打开【更改动作路径】对话框，同样可以选择更多的动作路径。

8.2.2 绘制自定义路径

当PowerPoint 2013提供的动作路径不能满足用户需求时，用户可以自己绘制动作路径。在【动作路径】菜单中选择【自定义路径】选项，即可在幻灯片中拖动鼠标绘制出需要的图形，当双击鼠标时，结束绘制，动作路径出现在幻灯片中。

绘制完的动作路径起始端将显示一个绿色的▷标志，结束端将显示一个红色的▷标志，两个标志以一条虚线连接。当需要改变动作路径的位置时，只需要单击该路径拖动即可。拖动路径周围的控制点，可以改变路径的大小。

【例8-6】为"丽江之旅"演示文稿中的对象设置
动作路径。

📹（视频+素材）(光盘素材\第08章\例8-5)

步骤 01 启动PowerPoint 2013应用程序，
打开"丽江之旅"演示文稿，在缩略图窗
口中选中第3张幻灯片，将其显示在幻灯片
编辑窗口中。

步骤 02 选中右侧的心形对象，打开【动
画】选项卡，在【动画】组中单击【其
他】按钮▼，在弹出的【动作路径】列表
框选择【自定义路径】选项。

步骤 03 此时，鼠标指针变成十字形状，
将鼠标指针移动到心形图形附件，拖动鼠
标绘制曲线。

步骤 04 双击完成曲线的绘制，此时，即
可查看心形形状的动作路径。

步骤 05 查看完成动画效果后，在幻灯片
中显示曲线的动作路径，动作路径起始端
将显示一个绿色的▷标志，结束端将显示
一个红色的◁标志，两个标志以一条虚线
连接。

步骤 06 选中左侧的图片，在【高级动
画】组中单击【添加动画】按钮，在弹出
的菜单中选择【其他动作路径】命令。

步骤 07 打开【添加动作路径】对话框，
选择【向左弧形】选项，单击【确定】按
钮，为图片设置动作路径。

步骤 08 选择右侧图片，在【高级动画】组中单击【添加动画】按钮，在弹出的【动作路径】列表框中选择【形状】选项，为图片应用该动作路径动画效果。

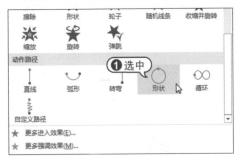

⚙ **实战技巧**

　　在使用【添加动画】按钮添加动画效果时，可以为单个对象添加多个动画效果，多次单击【添加动画】按钮，选择不同的动画效果即可。

步骤 09 在幻灯片编辑窗口中将显示添加的动作路径。

步骤 10 使用同样的方法为第5~6张幻灯片中对象设置动作路径动画效果。

步骤 11 在快速访问工具栏中单击【保存】按钮🔲，保存添加动作路径后的"丽江之旅"演示文稿。

⚙ **实战技巧**

　　将一个开放路径转变为闭合路径时，可以右击该路径，在弹出的快捷菜单中选择【关闭路径】命令即可，将一个闭合路径转为开放路径时，则可以在右键菜单中选择【开放路径】命令。

8.3　设置动画时间控制

　　PowerPoint 2013具备动画效果高级设置功能，如设置动画触发器、设置动画即时选项等。使用该功能，可以使幻灯片里的各个动画的衔接更为合理。

8.3.1　设置动画计时

　　为对象添加了动画效果后，还需要设置动画计时选项，如开始时间、持续时间等。

　　默认设置的动画效果在幻灯片放映屏幕中持续播放的时间只有几秒钟，同时需要单击鼠标时才会开始播放下一个动画。

如果默认的动画效果不能满足用户实际需求，则可以通过【动画设置】对话框的【计时】选项卡进行动画计时选项的设置。

【例8-7】为"丽江之旅"演示文稿中的对象设置动画计时选项。

📺（视频+素材）(光盘素材\第08章\例8-7)

步骤 01 启动PowerPoint 2013应用程序，打开"丽江之旅"演示文稿。在第1张幻灯片中，打开【动画】选项卡，在【高级动画】选项组中单击【动画窗格】按钮，打开【动画窗格】任务窗格。

步骤 02 在【动画窗格】任务窗格中选中第2个动画，在【计时】组中单击【开始】下拉按钮，从弹出的快捷菜单中选择【上一动画之后】选项。

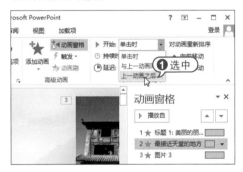

步骤 03 此时，第2个动画将在第1个动画播放完后自动开始播放，无须单击鼠标，在幻灯片预览窗口中选择第2张幻灯片缩略图，将其显示在幻灯片编辑窗口中。

步骤 04 在【动画窗格】任务窗格中选中第2~5个动画效果，在【计时】组中单击

【开始】下拉按钮，从弹出的快捷菜单中选择【与上一动画同时】选项。

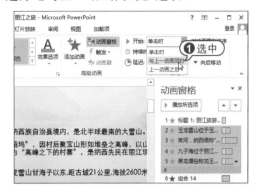

步骤 05 此时，原编号为1~5的这5个动画将合为一个动画。

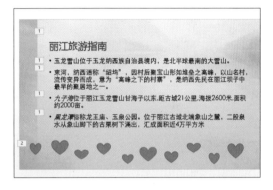

步骤 06 在【动画窗格】任务窗格中选中第3个动画效果，在【计时】选项组中单击【开始】下拉按钮，从弹出的快捷菜单中选择【上一动画之后】选项，并在【持续时间】和【延迟时间】文本框中输入"01.00"。

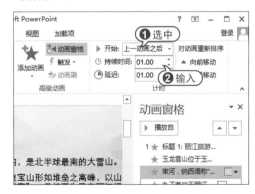

步骤 07 在【动画窗格】任务窗格中选中第1个动画效果，右击，从弹出的菜单中选择【计时】命令。

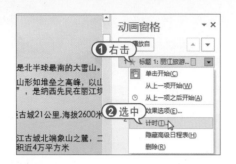

步骤 08 打开【补色】对话框中的【计时】选项卡，在【期间】下拉列表中选择【中速(2秒)】选项，在【重复】下拉列表中选择【直到幻灯片末尾】选项，单击【确定】按钮。

步骤 09 设置在放映幻灯片时不断放映标题占位符中的动画效果。

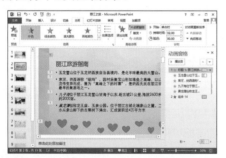

步骤 10 使用同样的方法，设置第4~6张幻灯片中的第3和第4个动画合为一个动画；将第3~6张幻灯片的标题占位符动画设置为不断放映的动画效果。

> ● **知识点滴** ●
>
> 在【动画窗格】界面中，右击动画，从弹出的快捷菜单中选择【效果选项】命令，打开动画对象对话框的【效果】选项卡，在其中可以设置效果声音。

步骤 11 在快速访问工具栏中单击【保存】按钮 🖬，保存"丽江之旅"演示文稿。

8.3.2 设置动画触发器

在幻灯片放映时，使用触发器功能，可以在单击幻灯片中的对象时显示动画效果。下面将以具体实例来介绍设置动画触发器的方法。

【例8-8】为"丽江之旅"演示文稿设置动画触发器。

📹 视频+素材 (光盘素材\第02章\例2-1)

步骤 01 启动PowerPoint 2013应用程序，打开"丽江之旅"演示文稿，自动显示第1张幻灯片，然后打开【动画】选项卡，在【高级动画】选项组中单击【动画窗格】按钮。

步骤 02 打开【动画窗格】任务窗格，选择第3个动画效果。

步骤 03 在【高级动画】选项组中单击
【触发】按钮，从弹出的菜单中选择【单
击】选项，然后从弹出的子菜单中选择
【标题1】对象。

步骤 04 此时，图片3对象上产生动画的
触发器，并在任务窗格中显示所设置的触
发器。当播放幻灯片时，将鼠标指针指向
该触发器并单击，将显示既定的动画效果。

步骤 05 在快速访问工具栏中单击【保存】
按钮🖫，保存"丽江之旅"演示文稿。

> **知识点滴**
>
> 单击【动画窗格】中第3个动
> 画效果右侧的下拉箭头，从弹出的
> 下拉菜单中选择【计时】命令，然
> 后再打开的对话框的【触发器】区
> 域，可对触发器进行设置。

8.4 设置幻灯片切换效果

幻灯片切换效果是指一张幻灯片从屏幕上消失以及另一张幻灯片显示在屏幕上的
方式。幻灯片切换方式可以是简单地以一个幻灯片代替另一个幻灯片，也可以使幻
灯片以特殊的效果初显在屏幕上。

在演示文稿中，可以为一组幻灯片设
置同一种切换方式，也可以为每张幻灯片
设置不同的切换方式。

> **实战技巧**
>
> 在普通视图或幻灯片浏览视图
> 中都可以为幻灯片设置切换动画，
> 但在幻灯片浏览视图中设置动画效
> 果时，更容易把握演示文稿的整体
> 风格。

要为幻灯片添加切换动画，可以打开
【切换】选项卡，在【切换到此幻灯片】
选项组中进行设置。在该组中单击▽按
钮，将打开幻灯片动画效果列表，当鼠标
指针指向某个选项时，幻灯片将应用该效
果，供用户预览。

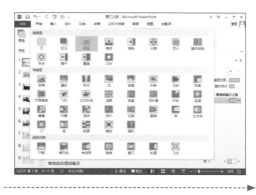

【例8-9】在"光盘策划提案"演示文稿中为幻灯
片添加切换动画。

🎬视频+素材 (光盘素材\第02章\例2-1)

步骤 01 启动PowerPoint 2013应用程序，
打开"光盘策划提案"演示文稿，自动显
示第1张幻灯片，然后打开【切换】选项
卡，在【切换到此幻灯片】组中单击【其
他】按钮▽，从弹出的【华丽型】切换效

果列表框中选择【库】选项。

步骤02 此时，即可将【库】型切换动画应用到第1张幻灯片中，并预览该切换动画效果。

步骤03 在【切换到此幻灯片】组中单击【效果选项】按钮，从弹出的菜单中选择【自左侧】选项。

步骤04 此时，即可在幻灯片中预览第1张幻灯片的切换动画效果。

实战技巧

选中应用切换方案后的幻灯片，在【切换】选项卡的【预览】组中单击【预览】按钮，即可查看幻灯片的切换效果。

步骤05 在幻灯片预览窗口中选择第2张幻灯片缩略图，将其显示在幻灯片编辑窗口中。

步骤06 选中第2~6张幻灯片缩略图，在【切换】选项卡的【切换到此幻灯片】组中，单击【其他】按钮，从弹出的【细微型】切换效果列表框中选择【分割】选项。

步骤07 此时，即可为第2~6张幻灯片应该【分割】型切换效果。

步骤08 在快速访问工具栏中单击【保存】按钮■，保存"光盘策划提案"演示文稿。

8.5 实战演练

本章的实战演练部分是设计演示文稿动画效果，用户可以通过练习可以巩固本章所学知识。

【例8-10】 在"幼儿数学教学"演示文稿中设计幻灯片的切换动画和对象的运动效果。

(视频+素材)(光盘素材\第08章\例8-10)

步骤 01 启动PowerPoint 2013应用程序，打开"幼儿数学教学"演示文稿。在第一张幻灯片中选中标题文本占位符，打开【切换】选项卡，在【切换到此幻灯片】组中单击【其他】按钮▾，从弹出的【华丽型】列表中选择【涟漪】选项。

步骤 02 此时，即可将【涟漪】型切换动画应用到第1张幻灯片中，并自动放映该切换动画效果。

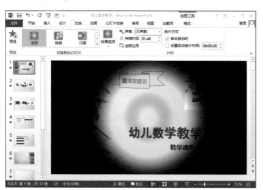

步骤 03 在【计时】组中单击【声音】下拉按钮，从弹出的下拉列表中选择【风声】选项，选中【换片方式】下的所有复选框，并设置时间为01:00.00，然后单击

【全部应用】按钮。

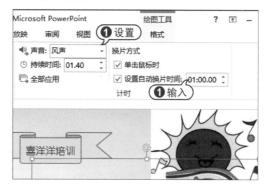

步骤 04 单击状态栏中的【幻灯片浏览】按钮田，切换至幻灯片浏览视图，在幻灯片图片下显示切换效果图标和自动切片时间。

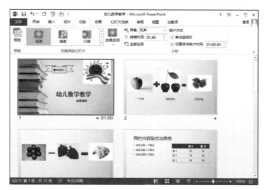

实战技巧

在普通视图或幻灯片浏览视图中都可以设置切换动画，但在幻灯片浏览视图中设置动画效果时，更容易把握演示文稿的整体风格。

步骤 05 使用同样的方法，切换至普通视图，在打开的第1张幻灯片中，选中标题占位符，打开【动画】选项卡，在【动画】组中单击【其他】按钮▾，在弹出的【进入】效果列表中选择【翻转式由远及近】选项，为标题占位符应用该进入动画效果。

步骤 06 此时，应用了【翻转式由远及近】进入效果的标题效果如下图所示。

步骤 07 选中副标题占位符，在【高级动画】组中单击【添加动画】按钮，在弹出的【强调】列表中选择【陀螺旋】选项，为副标题占位符应用该强调动画效果。

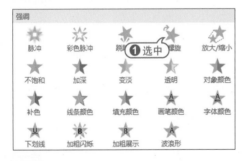

步骤 08 此时，应用了【陀螺旋】强调效果的副标题效果如下图所示。

步骤 09 选中自选图形中的文本"喜洋洋培训"，在【动画】组中单击【其他】按钮，在弹出的菜单中选择【更多进入效果】命令，打开【更多进入效果】对话框。

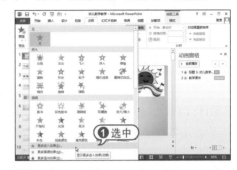

步骤 10 选择【展开】选项，为图形文本框中文本添加该进入效果。

步骤 11 此时，第1张幻灯片中的对象前将以此标注上编号。

步骤 12 在【高级动画】组中单击【动画窗格】按钮，打开【动画窗格】任务窗格。

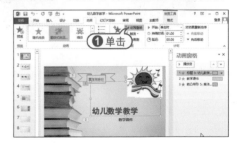

步骤 13 选中第2个动画,右击,从弹出的快捷菜单中选择【从上一项之后开始】命令,设置开始播放顺序,无需单击鼠标。

步骤 14 使用同样的方法,设置第3个动画的播放顺序。

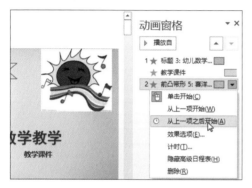

步骤 15 在幻灯片预览窗口中选择第2张幻灯片缩略图,将其显示在幻灯片编辑窗口中。选中苹果图片,在【动画】选项卡的【动画】组中单击【其他】按钮▽,在弹出的【进入】效果列表中选择【浮入】选项。

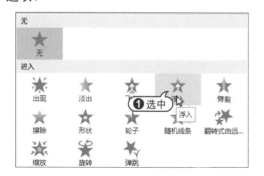

步骤 16 选中"一个苹果"艺术字,在【动画】组中单击【其他】按钮▽,在弹出的【进入】效果列表中选择【弹跳】选项。

步骤 17 选中加号形状,在【动画】组中单击【其他】按钮▽,在弹出的【强调】效果列表中选择【加深】选项。

步骤 18 参照步骤13和步骤14,为对象动画设置播放顺序。

步骤 19 使用同样的方法,设置樱桃教学对象、"两颗樱桃"艺术字和等号形状的动画效果和播放顺序。

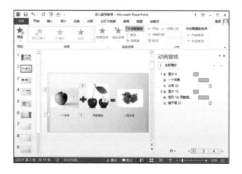

步骤 20 在幻灯片预览窗口中选择第3张

幻灯片缩略图，将其显示在幻灯片编辑窗口中。

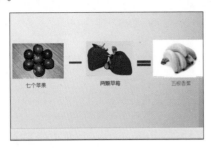

步骤 21 使用同样的方法，设置香蕉和葡萄教学对象的动画效果和播放顺序。

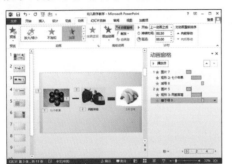

步骤 22 在键盘上按下F5键放映幻灯片，即可预览切换效果和对象的动画效果。

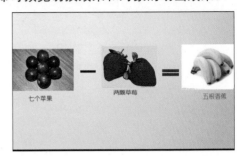

步骤 23 放映完毕后，单击鼠标左键退出放映模式，返回到幻灯片编辑窗口，在快速访问工具栏中单击【保存】按钮，保存"幼儿数学教学"演示文稿。

知识点滴

除了在【动画】选项卡的【预览】组中单击【预览】按钮，预览幻灯片，还可以按Ctrl+F2组合键，预览幻灯片。

专家答疑

» 问：【添加动画】和【动画样式】两个方法有何区别？

答：用户可以通过【动画】选项卡中两个按钮为显示的幻灯片对象添加动画效果，一种是使用【动画】组中的【动画样式】列表中的样式添加动画，另一种是使用【高级动画】组中的【添加动画】按钮添加动画，其区别在于使用【动画样式】列表添加的动画样式只能更改第一个动画效果，而不能叠加新的动画样式，而使用【添加动画】按钮，既可以为显示对象添加第一个动画效果，也可以添加新的动画效果(即可以连续添加多个动画效果)。

» 问：如何禁止在设计幻灯片的动画效果时自动预览该效果？

答：在PowerPoint 2013中如果用户需要禁止动画自动预览功能，则可以在显示对象添加动画样式后，打开【动画】选项卡，在【预览】组中单击【预览】下拉按钮，从弹出的下拉菜单中选择【自动预览】选项，即可取消该命令的选中状态。

当用户再次为对象添加动画时，如选中剪贴画，在【高级动画】组中单击【添加动画】下拉按钮，在弹出的【动作路径】列表中选择【循环】选项，此时将不再自动预览该路径动画效果。

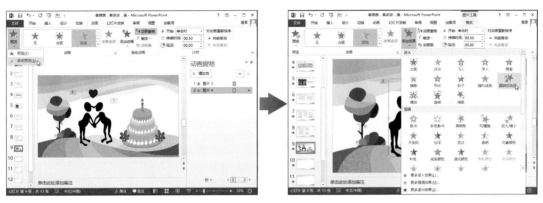

问：如何编辑对象运动的路径或增加新的节点，以更改对象的轨迹？

答：选中对象的路径，右击，从弹出的快捷菜单中选择【编辑顶点】命令，此时路径线将进入到顶点编辑状态，其上将出现若干个黑色的矩形顶点，使用鼠标选中运动路径上的任一点，然后拖动该顶点，更改对象运动路径。在运动路径上右击，从弹出的菜单中选择【添加顶点】命令，即可添加顶点。

问：在设置动作路径动画效果时，为何在播放动画时为对象设置的路径线或者路径形状图形不见了？

答：设置动作路径动画效果时，绘制的路径只是标志对象运动的轨迹，在放映幻灯片时是不会显示出来的。

问：如何为幻灯片内容添加动作？

答：在制作演示文稿时，除了可以为动作按钮设置动作外，还可以为幻灯片中的内容添加所需的动作。方法如下：选中动作图片或文本，在【插入】选项卡的【链接】组中单击【动作】按钮★，打开【动作设置】对话框的【鼠标移过】选项卡，选中【超链接到】单选按钮，在弹出的下拉列表选择【下一张幻灯片】选项，单击【确定】按钮，放映演示文稿时，将鼠标移动到剪贴画时，自动链接到下一张幻灯片。

读书笔记

第9章

设计交互式演示文稿

在PowerPoint 2013中，用户可以为幻灯片中的文本、图形、图片等对象添加超链接或者动作。放映幻灯片时，单击设置超链接的对象，程序将自动跳转到指定的幻灯片上或者执行指定程序，从而使幻灯片具有了一定的交互性。

9.1 设置幻灯片超链接

在平时浏览网页的过程中，单击某段文本或某张图片就会弹出另一个相关的网页，通常这些被单击的对象就成为超链接。本节将介绍创建超链接和编辑超链接的方法。

9.1.1 创建超链接

超链接是指向特定位置或文件的一种链接方式，可以利用它指定程序跳转的位置。超链接只有在幻灯片放映时才有效。在PowerPoint中，超链接可以跳转到当前演示文稿中的特定幻灯片、其他演示文稿中特定的幻灯片、自定义放映、电子邮件地址、文件或Web页上。

1. 为幻灯片中的文本创建超链接

当完成幻灯片的制作后，可以为幻灯片中的文本创建超链接，选中需要创建超链接的文本，选择【插入】选项卡的【链接】按钮，在弹出的下拉菜单中选择【超链接】按钮。

【例9-1】为"踏青时节"演示文稿文本创建超链接。 （视频+素材）(光盘素材\第02章\例2-1)

步骤 01 启动PowerPoint 2013应用程序，打开"踏青时节"演示文稿，在缩略图窗口中选中第2张幻灯片，将其显示在幻灯片编辑窗口中。

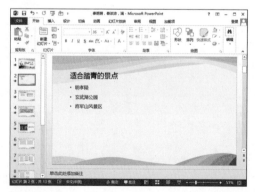

步骤 02 选中"明孝陵"文本，选择【插入】选项卡的【链接】组，单击【超链接】按钮。

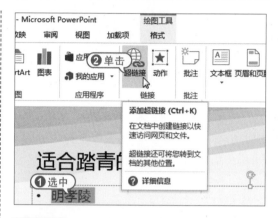

步骤 03 打开【插入超链接】对话框，在【连接到】列表框中单击【本文档中的位置】按钮，在【请选择文本框中的位置】列表框中选择需要连接到的第4张幻灯片，单击【确定】按钮。

步骤 04 返回幻灯片编辑窗口，此时在第2张幻灯片中可以看到"明孝陵"文本的颜色变成了绿色，并且下方还增加了一条下划线，这就表示该文本创建了超链接。

适合踏青的景点

- 明孝陵
- 玄武湖公园
- 将军山风景区

步骤 05 按下F5键放映幻灯片，当放映到第2张幻灯片时，将鼠标移动到"明孝陵"文字上，此时鼠标变成手形，单击超链接，演示文稿将自动跳转到第4张幻灯片。

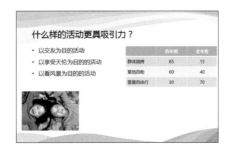

步骤 06 按Esc键退出放映模式，返回幻灯片编辑窗口，此时，第2张幻灯片中的超链接将改变颜色，表示在放映演示文稿的过程中已经预览过该超链接。

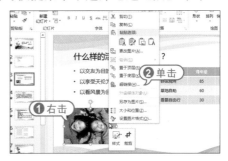

步骤 07 在快速访问工具栏中单击【保存】按钮圓，保存"踏青时节"演示文稿。

2. 为幻灯片中的图片创建超链接

在制作演示文稿时，除了可以为幻灯片中的文本创建超链接外，幻灯片中显示的图片同样也可以创建为超链接。为幻灯片中的图片创建超链接的方法与为文本创建超链接类似，只是设置对象不同而已。

【例9-2】为"踏青时节"演示文稿图片创建超链接。

（视频+素材）(光盘素材\第09章\例9-2)

步骤 01 启动PowerPoint 2013应用程序，打开"踏青时节"演示文稿，在缩略图窗口中选中第3张幻灯片，将其显示在幻灯片编辑窗口中。

步骤 02 选中左下角的图片，右击，在弹出的快捷菜单中选择【超链接】命令。

步骤 03 打开【插入超链接】对话框，在【连接到】列表框中单击【本文档中的位置】按钮，在【请选择文本框中的位置】列表框中选择需要连接到的第5张幻灯片，单击【确定】按钮。

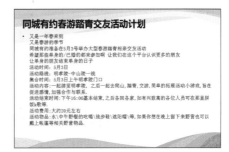

步骤 04 返回幻灯片编辑窗口，单击阅读视图按钮圓，进入阅读视图模式，单击图片，即可查看连接到的幻灯片。

步骤 05 在快速访问工具栏中单击【保存】按钮，保存"踏青时节"演示文稿。

● **实战技巧** ●

　　只有幻灯片中的对象才能添加超链接，备注、讲义等内容不能添加超链接。幻灯片中可以显示的对象几乎都可以作为超链接的载体。添加或修改超链接的操作一般在普通视图中的幻灯片编辑窗口中进行，在幻灯片预览窗口的大纲选项卡中只能对文字添加或修改超链接。

9.1.2　编辑超链接

　　创建超链接后，若发现位置有误，则可对其进行编辑，即重新设置正确的链接位置。其方法为：在需要编辑的超链接上单击鼠标右键，在弹出的快捷菜单中选择【编辑超链接】命令，在打开的【编辑超链接】对话框中选择正确的链接位置后，单击【确定】按钮即可。

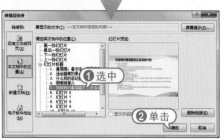

9.1.3　设置超链接的格式

　　创建超链接后，应用超链接的文字颜色会自动发生改变。利用【插入】选项卡里的【字体】组的【字体颜色】按钮，也

不能改变链接文字的颜色。此时就需要利用【新建主题颜色】对话框来设置超链接的格式。

【例9-3】为"踏青时节"演示文稿设置超链接格式。

（■■）视频+素材 (光盘素材\第09章\例9-3)

步骤 01 启动PowerPoint 2013应用程序，打开"踏青时节"演示文稿，在幻灯片缩略图窗格中选择第2张幻灯片，将其显示在幻灯片编辑窗口中。

步骤 02 选择【设计】选项卡的【变体】组，单击【其他】按钮，选择【颜色】选项，在弹出的下拉列表中选择【自定义颜色】选项。

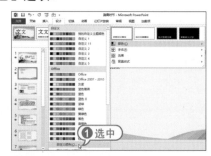

步骤 03 打开【新建主题颜色】对话框，在【主题颜色】栏中单击【超链接】右侧的下拉按钮，在弹出的下拉列表中选择【标准色】栏中的"蓝色"选项。

步骤 04 按照同样的方法将已访问的超链接颜色设置为"紫色"，单击【保存】按钮没完成所有设置。

步骤 05 返回幻灯片编辑窗口，添加链接的文字由原来的绿色变成了蓝色。当放映幻灯片时，单击添加链接的文字后，文字的颜色会变成紫色。

适合踏青的景点

- 明孝陵
- 玄武湖公园
- 将军山风景区

步骤 06 在快速访问工具栏中单击【保存】按钮 🖫 ，保存"踏青时节"演示文稿。

9.1.4 清除超链接

如果幻灯片中出现无用的超链接时，可以将其及时清除。方法很简单：先将鼠标指针定位到需要清除超链接的内容中，然后选择【插入】选项卡的【链接】组，单击【超链接】按钮，在打开的【编辑超链接】对话框中单击【删除链接】按钮即可。

9.1.5 链接到其他对象

在PowerPoint 2013中可以将对象链接到当前演示文稿的其他幻灯片中，此外，还可以链接到其他对象中，如其他演示文稿、电子邮件和网页等。

1. 连接到其他演示文稿

将幻灯片中对象链接到其他演示文稿的目的是为了快速查看相关内容。

【例9-4】将"丽江之旅"演示文稿链接到"旅行社宣传"演示文稿中。

▶ (视频+素材) (光盘素材\第09章\例9-4)

步骤 01 启动PowerPoint 2013应用程序，打开"旅行社宣传"演示文稿，在第1张幻灯片中，打开【插入】选项卡，在【文本】组中单击【文本框】按钮，从弹出的下拉菜单中选择【横排文本框】命令。

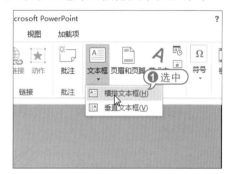

步骤 02 拖动鼠标在幻灯片中绘制文本框，并输入文本，设置文本字体为【楷体】，字号为20，字形为【加粗】、【阴影】。

步骤 03 选中插入的文本框，打开【插入】选项卡，在【链接】组中单击【超链

接】按钮，打开【超链接】对话框。

步骤 04 在【链接到】列表框中选择【现有文件或网页】选项，在【查找范围】下拉列表框中选择目标文件所在位置，在【当前文件夹】列表框中选择【丽江之旅】选项，单击【确定】按钮。

步骤 05 此时，"旅行社宣传"演示文稿即可链接到"丽江之旅"演示文稿中，按下F5键放映幻灯片，在第1张幻灯片中将鼠标指针移动到"丽江之旅"文本框中，此时鼠标指针变为手形。

步骤 06 单击超链接，将自动跳转到"企业会计报告"演示文稿的放映界面。

步骤 07 按Esc键退出放映模式，返回到幻灯片编辑窗口，在快速访问工具栏中单击【保存】按钮，添加超链接后的"旅行社宣传"演示文稿。

2. 链接到电子邮件

在PowerPoint 2013中可以将幻灯片链接到电子邮件中。选择要链接的对象，打开【插入】选项卡，在【链接】组中单击【超链接】按钮，打开【超链接】对话框，在【链接到】列表框中选择【电子邮件地址】选项，在【电子邮件地址】和【主题】文本框中输入所需文本，单击【确定】按钮，完成设置，此时对象中的文本文字颜色变为【黑色】，并自动添加有下划线。

实战技巧

放映含有电子邮件链接的演示文稿，单击超链接文本，将自动启动电子邮件软件Outlook 2013。在打开的写信页面中填写收件人和主题，输入正文后，单击【发送】按钮，即可发送邮件。

3. 链接到网页

在PowerPoint 2013中还可以将幻灯片链接到网页中。其链接方法与为幻灯片中的文本或图片添加超链接的方法类似，只是链接的目标位置不同。其方法为：选择要设置链接的对象，打开【插入】选项卡，在【链接】组中单击【超链接】按钮，打开【超链接】对话框，在【链接到】列表框中选择【现有文件或网页】选项，在【地址】文本框中粘贴所复制的网页地址，单击【确定】按钮即可。

4. 链接到其他文件

在PowerPoint 2013中还可以将幻灯片链接到其他文件，如Office文件等。

9.2 设置幻灯片按钮交互

除了为幻灯片中的文本、图片创建超链接外，还可以绘制动作按钮，并为动作按钮创建超链接。为绘制的动作按钮创建超链接，可以使幻灯片更加形象生动。

动作按钮是PowerPoint 2013中预先设置好的一组带有特定动作的图形按钮，这些按钮被预先设置为指向前一张、后一张、第一张、最后一张幻灯片、播放声音及播放电影等链接，应用这些预设好的按钮，可以实现在放映幻灯片时跳转的目的。

动作与超链接有很多相似之处，几乎包括了超链接可以指向的所有位置。动作还可以设置其他属性，比如设置当鼠标移过某一对象上方时的动作。设置动作与设置超链接是相互影响的，在【设置动作】对话框中所做的设置，可以在【编辑超链接】对话框中表现出来。

打开【插入】选项卡，在【链接】组中单击【超链接】按钮，打开【超链接】对话框，在【链接到】列表框中选择【现有文件或网页】选项，在【查找位置】右侧单击【浏览文件】按钮，打开【链接到文件】对话框，在其中选择目标文件，单击【确定】按钮，在【地址】文本框中显示链接地址，单击【确定】按钮，完成链接操作。

【例9-5】为"丽江之旅"演示文稿，添加动作按钮。

[视频+素材] (光盘素材\第09章\例9-5)

步骤 01 启动PowerPoint 2013应用程序，打开"旅游景点剪辑"演示文稿，选择第3张幻灯片。

步骤 02 打开【插入】选项卡，在【插图】组中单击【形状】按钮，在打开菜单的【动作按钮】选项区域中选择【后退或前一项】命令◁，在幻灯片的右上角拖动鼠标绘制形状。

步骤 03 当释放鼠标时，系统将自动打开【操作设置】对话框，在【单击鼠标时的动作】选项区域中选中【超链接到】单选按钮，在【超链接到】下拉列表框中选择【幻灯片】选项。

步骤 04 打开【超链接到幻灯片】对话框，在对话框中选择幻灯片【美丽的丽江之旅】选项，单击【确定】按钮。

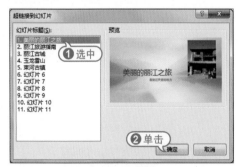

步骤 05 返回【动作设置】对话框，打开【鼠标移过】选项卡，在选项卡中选中

【播放声音】复选框，并在其下方的下拉列表中选择【单击】选项，单击【确定】按钮，完成该动作的设置。

📝知识点滴

在幻灯片中选中文本后，在【链接】组中单击【动作】按钮，同样将打开【动作设置】对话框，此时【单击时突出显示】复选框不可用。而为图形或图像设置动作时，该复选框呈可用状态。

步骤 06 在幻灯片中选中绘制的图形，打开【格式】选项卡，单击【形状样式】组中的【其他】按钮，在弹出的列表框中选择第4行第2列样式，为图形快速应用该形状样式。

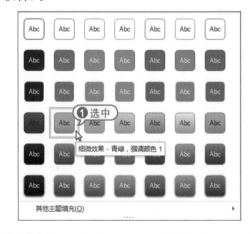

步骤 07 在快速访问工具栏中单击【保存】按钮🔲，保存"丽江之旅"演示文稿。

📝知识点滴

PowerPoint 2013默认提供了12个动作按钮供用户选择和使用。

9.3 实战演练

　　本章的实战演练部分包括制作巨划算购物中心购物指南和厦门一日游两个综合实例操作，用户通过练习可以巩固本章所学知识。

9.3.1 设计购物指南演示文稿

　　用户通过练习制作演示文稿，巩固设置超链接等知识点。

【例9-6】制作"巨划算购物指南"演示文稿，为该演示文稿中的对象设置超链接。

(视频+素材) (光盘素材\第09章\例9-6)

步骤 **01** 启动PowerPoint 2013应用程序，单击【文件】按钮，在弹出的界面中选择【新建】选项，选择合适的模板，单击【创建】按钮，新建一个新的演示文稿，并将其以"巨划算购物指南"为名保存。

步骤 **02** 在【标题版式】文本占位符中输入标题文字"巨划算购物中心购物指南"，设置文字颜色为【黑色】，删除【副标题】文本占位符，并调整标题占位符的位置和大小。

步骤 **03** 在幻灯片中插入两个横排文本框，并分别输入E-mail地址和购物中心简介，并将字体颜色设置为【黑色】。

步骤 **04** 单击【形状】按钮，在弹出的菜单中，选择【爆炸型2】图形，在幻灯片中插入该图形，右击该图形，在打开的快捷菜单中选择【编辑文字】命令，在其中输入文字。

步骤 **05** 选中【爆炸形2】图形，设置该图形的边框颜色为【红色】，填充颜色为【黄色】，第一张幻灯片效果如下图所示。

步骤 06 在幻灯片缩略图窗口中选择第2张图片，将其显示在幻灯片编辑窗口中，在幻灯片的两个文本占位符中分别输入文字。

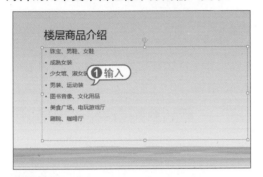

步骤 07 在幻灯片缩略窗口中选中第3张图片，将其显示在幻灯片编辑窗口中，在幻灯片中输入标题文字"商场一层"，设置文字字体为【华文琥珀】。

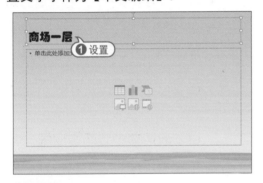

步骤 08 选择【插入】选项卡，在【插图】组里单击【形状】按钮，在弹出的菜单中选择【横卷形】，将其内部颜色填充为【橙色】，并在其中输入说明文字，设置文字颜色为【深蓝】色，字号为32。

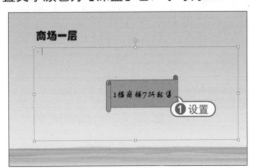

步骤 09 选择【插入】选项卡，在【图像】组中单击【图片】按钮，选择插入图片，调整插入图片的位置。

步骤 10 按照步骤10、步骤11、步骤12添加并设置4~6张幻灯片，效果如下图所示。

步骤 11 在幻灯片缩略窗口中选择第2张幻灯片缩略图，将其显示在幻灯片编辑窗口中，选中文本"珠宝、男鞋、女鞋"，选中【插入】选项卡，在【链接】组里单击【超链接】按钮，打开【插入超链接】对话框。

步骤 12 在该对话框的【连接到】列表中单击【本文档中的位置】按钮，在【请选择文档中的位置】列表框中单击【幻灯片】标题展开列表中的【商场一层】选项。

步骤 13 单击【确定】按钮,该文字变为绿色且下方出现横线。幻灯片放映时,如果单击该超链接,演示文稿将自动跳转到第3张幻灯片。

楼层商品介绍
- 珠宝、男鞋、女鞋
- 成熟女装
- 少女馆、淑女装
- 男装、运动装
- 图书音像、文化用品
- 美食广场、电玩游戏厅
- 剧院、咖啡厅

步骤 14 参照步骤12、步骤13,为第2张幻灯片的第2~4行文字添加超链接,使他们分别链接到幻灯片商场二层、商场三层和商场四层。

楼层商品介绍
- 珠宝、男鞋、女鞋
- 成熟女装
- 少女馆、淑女装
- 男装、运动装
- 图书音像、文化用品
- 美食广场、电玩游戏厅
- 剧院、咖啡厅

步骤 15 按下F5键放映幻灯片,当放映到第2张幻灯片时,将鼠标移动到第4行超链接,此时鼠标指针变为手形。

楼层商品介绍
- 珠宝、男鞋、女鞋
- 成熟女装
- 少女馆、淑女装
- 男装、运动装
- 图书音像、文化用品
- 美食广场、电玩游戏厅
- 剧院、咖啡厅

步骤 16 单击超链接,演示文稿将自动跳转到商场四层幻灯片,在快速访问工具栏中单击【保存】按钮,保存"巨划算购物指南"演示文稿。

实战技巧

如果用户需要在单击超链接时出现屏幕提示信息,可以在【插入超链接】对话框中单击【屏幕提示】按钮,将打开【设置超链接屏幕提示】对话框在【屏幕提示文字】文本框中输入提示文字,如"商场一层",单击【确定】按钮。

9.3.2 制作交互式演示文稿

通过练习制作交互式演示文稿,用户可以巩固添加超链接和添加动作按钮等知识点。

【例9-7】应用超链接和动作按钮创建交互式"厦门一日游"演示文稿。

📹视频+素材 (光盘素材\第09章\例9-7)

步骤 01 启动PowerPoint 2013应用程序,单击【文件】按钮,在弹出的界面中单击【新建】选项,选择合适的模板,单击【创建】按钮,新建一个新的演示文稿,并将其以"厦门一日游"为名保存。

步骤 02 在【单击此处添加标题】文本占位符中输入标题文字"毕业旅行",设置字型为【加粗】;在【单击此处添加副标题】文本占位符中输入副标题文字"——厦门一日游",设置文字字号为32,对齐方式为【右对齐】。

步骤 03 打开【插入】选项卡，单击【图像】组中的【图片】按钮，打开【插入图片】对话框，选择图片，单击【插入】按钮。

步骤 04 此时，即可在幻灯片中插入一张图片，并调整其大小和位置。

步骤 05 在幻灯片预览窗口中选择第2张幻灯片缩略图，将其显示在幻灯片编辑窗口中。

步骤 06 在幻灯片中输入标题文字"行程(上午)"，设置字型为【加粗】和【阴影】；在【单击此处添加文本】文本占位符中输入文字，并在幻灯片中插入一张图片，设置该图片格式为【棱台形椭圆，黑色】。

步骤 07 使用同样的方法，添加并设置第3张和第4张幻灯片。

步骤 08 使用同样的方法，依次添加另外两张幻灯片。

步骤 09 在幻灯片预览窗口中选择第2张幻灯片缩略图，将其显示在幻灯片编辑窗口中。选中文字"厦门园林植物园"，打开【插入】选项卡，单击【链接】组中的【超链接】按钮。

步骤 10 打开【插入超链接】对话框，在【链接到】列表中单击【本文档中的位置】按钮，在【请选择文档中的位置】列表框中单击【幻灯片标题】展开列表，选择【厦门园林植物园】选项，单击【屏幕提示】按钮。

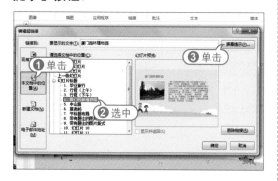

步骤 11 打开【设置超链接屏幕提示】对话框，在【屏幕提示文字】文本框中输入提示文字"厦门园林植物园介绍"，单击【确定】按钮。

步骤 12 返回到【插入超链接】对话框，再次单击【确定】按钮，完成该超链接的设置，返回至幻灯片编辑窗口中，此时可以查看链接文本。

步骤 13 在幻灯片预览窗口中选择第3张

幻灯片缩略图，并将其显示在幻灯片编辑窗口中。

步骤 14 为幻灯片中的文字"鼓浪屿"和"南普陀寺"添加超链接，使它们分别指向第5张幻灯片和第6张幻灯片，并设置屏幕提示文字为"鼓浪屿介绍"和"南普陀寺介绍"。

步骤 15 在幻灯片预览窗口中选择第4张幻灯片缩略图，将其显示在幻灯片编辑窗口中。

步骤 16 打开【插入】选项卡，在【插图】组中单击【形状】按钮，在打开的菜单的【动作按钮】选项区域中选择【上一张】选项，在幻灯片的右上角拖动鼠标绘制该图形，当释放鼠标时，系统自动打开【动作设置】对话框。

步骤 17 在【单击鼠标时的动作】选项区域中选中【超链接到】单选按钮，在【超链接到】下拉列表框中选择【幻灯片】选项，打开【超链接到幻灯片】对话框，在该对话框中选择【行程(上午)】选项，单击【确定】按钮，完成该动作的设置。

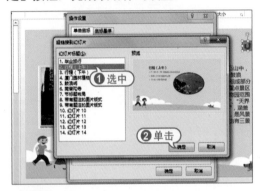

步骤 18 在幻灯片中选中动作按钮，在【绘图工具】的【格式】选项卡上，单击【形状样式】组中的【形状填充】按钮，在弹出的菜单中选择【黑色，文字2】选项，为图形按钮填充颜色。

步骤 19 使用同样的方法，在第5张幻灯片和第6张幻灯片右上角绘制动作按钮，并将它们链接到第3张幻灯片。

步骤 20 单击状态栏中的【幻灯片浏览】按钮，切换至幻灯片浏览视图，查看制作好的交互式演示文稿。

步骤 21 在幻灯片浏览视图中，选中第1张幻灯片缩略图，打开【切换】选项卡，在【切换到此幻灯片】组中单击【其他】按钮，在弹出的列表框中选择【百叶窗】选项，为幻灯片应用该切换效果。

步骤 22 在【计时】组中单击【声音】下拉按钮，从弹出的下拉列表中选择【微风】选项卡，单击【全部应用】按钮。

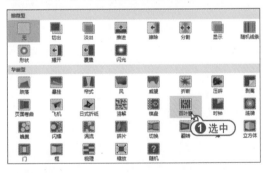

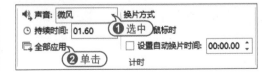

步骤 23 此时，演示文稿中所有的幻灯片将应用设置的切换效果和计时选项。

步骤 24 单击状态栏中的【普通视图】按钮，切换至普通视图，在第1张幻灯片中选中标题占位符，打开【动画】选项卡，在【动画】组中的单击【其他】按钮，从弹出的【进入】列表中选择【弹跳】选项，为标题应用【弹跳】进入动画效果。

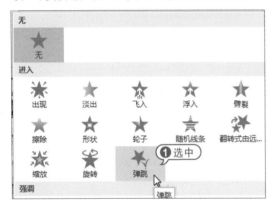

步骤 25 使用同样的方法，为副标题占位符设置【形状】进入动画效果。

步骤 26 使用同样的方法，为第2~3张幻灯片中的标题占位符，设置【下划线】强调动画效果。

步骤 27 在幻灯片预览窗口中选择第4张幻灯片缩略图，将其显示在幻灯片编辑窗口中，选中标题占位符，在【动画】选项卡的【动画】组中的单击【其他】按钮，从弹出的【进入】列表中选择【轮子】选项，为标题应用【轮子】进入动画效果。

步骤 28 此时，运用了【轮子】动画效果的标题效果如下图所示。

步骤 29 选中图片，在【动画】选项卡的【动画】组中的单击【其他】按钮，从弹出的【进入】列表中选择【浮入】选项，为图片应用【翻转式由远及近】进入动画效果。

步骤 30 选中图片右侧的文本占位符，在【动画】组中的单击【其他】按钮，从弹出的【强调】列表中选择【对象颜色】选项，为标题应用【对象颜色】强调动画效果。

步骤 31 此时，运用了【对象颜色】动画效果的文本效果右上图所示。

步骤 32 参照步骤27到步骤31，为第5、第6张幻灯片的对象设置同样的动画效果。

● **知识点滴**

在为第5~6张幻灯片设置动画效果时，也可以使用【动画刷】按钮 动画刷 来复制动画效果。

步骤 33 在快速访问工具栏中单击【保存】按钮，保存"厦门一日游"演示文稿。

专家答疑

» 问：如何使幻灯片中超链接的下划线去除，文字不变色？

答：我们可以使用一些小技巧，使文字在有超链接作用的同时，不改变自身的颜色也不带下划线。其方法为：在幻灯片中绘制任意一个图形，并在其中输入需要创建超链接的文字，然后将该图形的形状填充和形状轮廓分别设置为"无填充色"和"无轮廓"。此时就只看到文字而看不到图形，然后再选择该图形并为其创建超链接，这样实际起链接作用的就是图形而不是文字了，所以就能让拥有超链接的文字不变色、不带下划线。这样设置还有另一个好处，就是利用鼠标单击文字超链接的范围更大。

>> 问：如何利用超链接快速新建演示文稿？

答：在PowerPoint 2013中利用超链接除了可以打开其他文件、网页和电子邮箱外，还可以快速新建演示文稿。方法如下：选择需要设置超链接的对象，然后选择【插入】选项卡，在【插入】选项卡的【链接】组里单击【超链接】按钮，打开【插入超链接】对话框，单击【链接到】列表中的【新建文档】按钮，在【新建文档名称】文本框中输入所需名称；单击【更改】按钮，在打开的【新建文档】对话框中可以选择当前文档的保存路径；在【何时编辑】栏中可以选择是否开始编辑文稿，完成设置后单击【确定】按钮。如果选中【开始编辑新文档】单选按钮，将会自动打开已设置名称的空白演示文稿；如果选中【以后再编辑新文档】单选按钮，则不会打开另一个演示文稿，但新建的演示文稿已保存在指定的磁盘中。

>> 问：如何为幻灯片内容添加动作？

答：在制作演示文稿时，除了可以为动作按钮设置动作外，还可以为幻灯片中的内容添加所需动作。方法如下：首先在幻灯片中选择需要添加动作的图片或文本，然后选择【插入】选项卡的【链接】组，单击【链接】组里的【动作】按钮，打开【动作设置】对话框，在【单击鼠标】选项卡中选中【超链接到】单选按钮，在其下的列表框中选择要执行的动作；如果想在放映幻灯片时，让鼠标指针移过该链接时发出声音，则可选中对话框中的【声音插入】复选框，然后在其下的列表框中选择一种声音，最后单击【确定】按钮完成所有的设置。

>> 问：如何自定义动作按钮？

答：通常在幻灯片中添加动作按钮后都会自动链接到相应位置，如在幻灯片中添加【动作按钮：第一张】，此时打开的【动作设置】对话框将自动链接到第1张幻灯片。虽然这种功能用起来很方便，但有时候可能不太实用，此时可以自定义动作按钮来满足实际需求。其方法为：选择【插入】选项卡中的【插图】组，在【插图】组里单击【形状】按钮 形状，在弹出的下拉列表中选择【动作按钮：自定义】选项，当鼠标指针变为+形状时，在幻灯片中绘制动作按钮，打开【动作设置】对话框，在其中设置链接到的位置和执行方式。此外，还可以在动作按钮上单击鼠标右键，在弹出的快捷菜单中选择【编辑文字】命令，为动作按钮添加所需的文本。

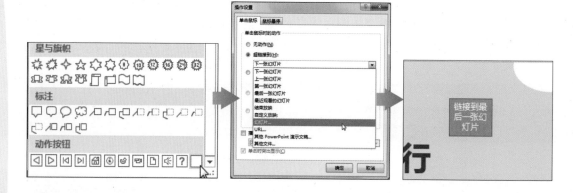

读书笔记

第10章

放映与发布演示文稿

　　PowerPoint提供了多种保存、输出演示文稿的方法，用户可以将制作出来的演示文稿输出为多种形式，以满足在不同环境下的需要。另外，用户也可以将演示文稿打印到实体纸张上，通过传统的机械幻灯机来播放，以此来增强演示文稿的共享性。

10.1 应用排练计时

制作完演示文稿后，用户需要进行放映前的准备，若演讲者为了专心演讲需要自动放映演示文稿，可以选择排练计时，从而使演示文稿自动播放。本节将介绍关于幻灯片排练设置的方法。

10.1.1 设置排练计时

排练计时的作用在于为演示文稿中的每张幻灯片计算好播放时间之后，在正式放映时放弃手动放映，演讲者则可以专心进行演讲而不用再去控制幻灯片的切换等操作。在放映幻灯片之前，演讲者可以运用PowerPoint的【排练计时】功能来排练整个演示文稿放映的时间，即将每张幻灯片的放映时间和整个演示文稿的总放映时间了然于胸。当真正放映时，就可以做到从容不迫。

实现排练计时的方法为：选择【幻灯片放映】选项里的【设置】组，在【设置】组中单击【排练计时】按钮，此时将进入排练计时状态，在打开的【录制】工具栏中将开始计时。若当前幻灯片中的内容显示的时间足够，则可单击鼠标进入下一对象或下一张幻灯片的计时，以此类推。当所有内容完成计时后，将打开提示对话框，单击【是】按钮即可保留排练计时。

10.1.2 取消排练计时

当幻灯片被设置了排练计时后，实际情况又需要演讲手动控制幻灯片，那么，就需要取消排练计时设置。取消排练计时的方法为：选择【幻灯片放映】选项卡的【设置】组，单击【设置】组里的【设置幻灯片放映】按钮，打开【设置放映方式】对话框，在【换片方式】区域中，选择【手动】选项，即可取消排练计时。

【例10-1】使用排练计时功能排练演示文稿的放映时间。

[视频+素材] (光盘素材\第10章\例10-1)

步骤 01 启动PowerPoint 2013应用程序，打开"丽江之旅"演示文稿，打开【幻灯片放映】选项卡，在【设置】组中单击【排练计时】按钮。

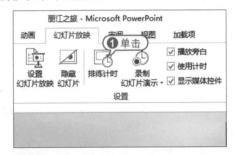

步骤 02 演示文稿将自动切换到幻灯片放映状态。

步骤 03 与普通放映不同的是，在幻灯片左上角将显示【录制】对话框。

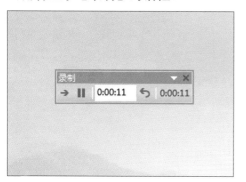

步骤 04 不断单击鼠标进行幻灯片的放映，此时【录制】对话框中的数据会不断更新，当最后一张幻灯片放映完毕后，将打开Microsoft PowerPoint对话框，该对话框显示幻灯片播放的总时间，并询问用户是否保留该排练时间，单击【是】按钮。

步骤 05 从幻灯片浏览视图中可以看到每张幻灯片下方均显示各自的排练时间。

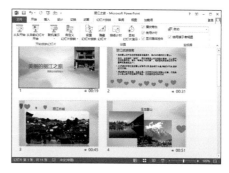

步骤 06 在快速访问工具栏中单击【保存】按钮，保存"丽江之旅"演示文稿。

10.2 幻灯片放映设置

制作完演示文稿后，用户需要进行放映前的准备，如进行录制旁白、排练计时、设置放映的方式和类型、设置放映内容或调整幻灯片放映的顺序等。本节将介绍幻灯片放映前的一些基本设置。

10.2.1 设置放映类型

在【设置放映方式】对话框的【放映类型】选项区域中可以设置幻灯片的放映模式。

▶【观众自行浏览】模式(即窗口)：观众自行浏览是在标准Windows窗口中显示的放映形式，放映时的PowerPoint窗口具有菜单栏、Web工具栏，类似于浏览网页的效果，便于观众自行浏览。

📚知识点滴

使用该放映类型时，用户可以在放映时复制、编辑及打印幻灯片，并可以使用滚动条或Page Up/Page Down控制幻灯片的播放。该放映类型常用于在局域网或Internet中浏览演示文稿。

▶【演讲者放映】模式(即全屏幕)：该模式是系统默认的放映类型，也是最常见的全屏放映方式。在这种放映方式下，将以全屏幕的状态放映演示文稿，演讲者现场控制演示节奏，具有放映的完全控制权。可以根据观众的反应随时调整放映速度或节奏，还可以暂停下来进行讨论或记录观众即席反应。一般用于召开会议时的大屏幕放映、联机会议或网络广播等。

❯ 【展台浏览】模式(即全屏幕)：采用该放映类型，最主要的特点是不需要专人控制就可以自动运行，在使用该放映类型时，如超链接等的控制方法都失效。当播放完最后一张幻灯片后，会自动从第一张重新开始播放，直至按下Esc键才会停止播放。

实战技巧

使用【展台浏览】模式放映演示文稿时，用户不能对放映过程进行干预，必须设置每张幻灯片的放映时间，或者预先设定演示文稿排练计时，否则可能会停留在某张幻灯片上。

10.2.2 设置放映方式

PowerPoint 2013提供了多种演示文稿的放映方式，最常用的是幻灯片页面的演示控制，主要有幻灯片的定时放映、连续放映及循环放映。

1. 定时放映

用户在设置幻灯片切换效果时，可以设置每张幻灯片在放映时停留的时间，当等待到设定的时间后，幻灯片将自动往后放映。

打开【切换】选项卡，在【计时】选项组中选中【单击鼠标时】复选框，则用户单击鼠标或按下Enter键和空格键时，放映

的演示文稿将切换到下一张幻灯片；选中【设置自动换片时间】复选框，并在其右侧的文本框中输入时间(时间为秒)后，则在演示文稿放映时，当幻灯片等待了设定的秒数之后，将自动切换到下一张幻灯片。

2. 连续放映

在【切换】选项卡的【计时】选项组选中【设置自动切换时间】复选框，并为当前选定的幻灯片设置自动切换时间，再单击【全部应用】按钮，为演示文稿中的每张幻灯片设定相同的切换时间，即可实现幻灯片的连续自动放映。

需要注意的是，由于每张幻灯片的内容不同，放映的时间可能不同，所以设置连续放映的最常见方法是通过【排练计时】功能完成。

3. 循环放映

用户将制作好的演示文稿设置为循环放映，可以应用于如展览会场的展台等场合，让演示文稿自动运行并循环播放。

打开【幻灯片放映】选项卡，在【设置】选项组中单击【设置幻灯片放映】按钮，打开【设置放映方式】对话框。在【放映选项】选项区域中选中【循环放映，按Esc键终止】复选框，则在播放完最后一张幻灯片后，会自动跳转到第1张幻灯片，而不是结束放映，直到用户按Esc键退出放映状态。

知识点滴

在【放映选项】选项区域中选中【放映时不加旁白】复选框，可以设置在幻灯片放映时不播放录制的旁白；选中【放映时不加动画】复选框，可以设置在幻灯片放映时不显示动画效果。

10.2.3 自定义放映

自定义放映是指用户可以自定义演示文稿放映的张数，使一个演示文稿适用于多种观众，即可以将一个演示文稿中的多张幻灯片进行分组，以便对特定的观众放映演示文稿中的特定部分。用户可以用超链接分别指向演示文稿中的各个自定义放映，也可以在放映整个演示文稿时只放映其中的某个自定义放映。

【例10-2】为"梵高作品展"演示文稿创建自定义放映。

（视频+素材）(光盘素材\第10章\例10-2)

步骤 01 启动PowerPoint 2013应用程序，打开"梵高作品展"演示文稿，选中打开【幻灯片放映】选项卡，单击【开始放映幻灯片】选项组的【自定义幻灯片放映】按钮，在弹出的菜单中选择【自定义放映】命令。

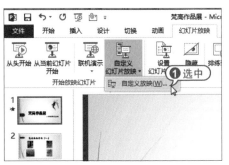

步骤 02 打开【自定义放映】对话框，单击【新建】按钮。

步骤 03 打开【定义自定义放映】对话框，在【幻灯片放映名称】文本框中输入文字"梵高作品展"，在【在演示文稿中的幻灯片】列表中选择第1张和第2张幻灯片，然后单击【添加】按钮，将两张幻灯片添加到【在自定义放映中的幻灯片】列表中，单击【确定】按钮。

步骤 04 返回至【自定义放映】对话框，在【自定义放映】列表中显示创建的放映，单击【关闭】按钮。

◆ 实战技巧 ◆

在【自定义放映】对话框中单击【放映】按钮，此时PowerPoint将自动执行该自定义放映，供用户预览。

步骤 05 在【幻灯片放映】选项卡的【设置】选项组中单击【设置幻灯片放映】按钮，打开【设置放映方式】对话框，在【放映幻灯片】选项区域中选中【自定义放映】单选按钮，然后在其下方的列表框中选择需要放映的自定义放映，单击【确定】按钮。

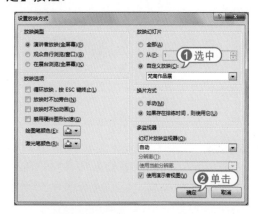

步骤 06 按下F5键，将自动播放自定义放映幻灯片。

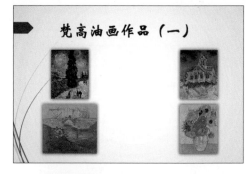

步骤 07 单击【文件】按钮，在弹出的界面中选择【另存为】命令，将该演示文稿以"自定义放映"为名进行保存。

10.3 放映幻灯片

完成幻灯片的前期准备工作后，就可以开始放映已设计完成的演示文稿。常用的放映方法很多，除了自定义放映外，还有从头开始放映、从当前幻灯片开始放映和广播幻灯片等。

10.3.1 从头开始放映

从头开始放映是指从演示文稿的第一张幻灯片开始播放演示文稿。

在PowerPoint 2013中，打开【幻灯片放映】选项卡，在【开始放映幻灯片】组中单击【从头开始】按钮，或者直接按F5键，开始放映演示文稿，进入全屏模式的幻灯片放映视图。

10.3.2 从当前幻灯片开始放映

当用户需要从指定的某张幻灯片开始放映，则可以使用【从当前幻灯片开始】功能。

选择指定的幻灯片，打开【幻灯片放映】选项卡，在【开始放映幻灯片】组中单击【从当前幻灯片开始】按钮，显示从当前幻灯片开始放映的效果。此时，进入幻灯片放映视图，幻灯片以全屏幕方式从当前幻灯片开始放映。

10.3.3　联机演示幻灯片

联机演示幻灯片是指利用Windows Live账户或组织提供的联机服务，直接向远程观众呈现所制作的幻灯片。用户可以控制幻灯片的进度，而观众只需在浏览器中跟随浏览。

> **知识点滴**
>
> 使用【联机演示】功能时，需要用户先注册一个Windows Live账户。

【例10-3】在"丽江之旅"演示文稿中联机演示幻灯片。

📹 视频+素材 (光盘素材\第10章\例10-3)

步骤 01 启动PowerPoint 2013应用程序，打开"丽江之旅"演示文稿，打开【幻灯片放映】选项卡，在【开始放映幻灯片】组中单击【联机演示】按钮。

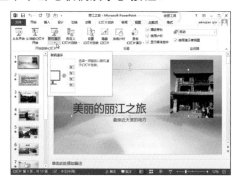

步骤 02 打开【登录】对话框，在文本框中输入账户，单击【下一步】按钮。

步骤 03 在【Microsoft账户】和【密码】

文本框中输入账户和密码，单击【登录】按钮。

步骤 04 返回至【联机演示】对话框，正在准备联机，并显示联机的进度条。

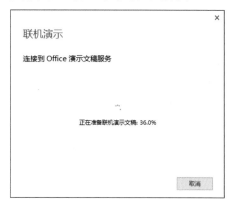

步骤 05 联机完成之后，在【联机演示】对话框显示共享的网络链接，单击【启动演示文稿】按钮。

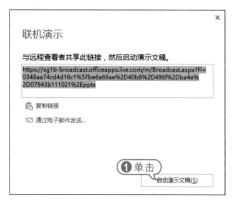

> **知识点滴**
>
> 在更新的对话框中复制演示文稿的网络地址，可以发送给其他用户播放。

步骤 06 此时，进入幻灯片放映视图，以全屏幕方式开始放映幻灯片。

步骤 07 放映完毕后，返回至演示文稿工作界面，打开【联机演示】选项卡，在【联机演示】组中单击【结束联机演示】按钮，结束放映。

步骤 08 此时将自动弹出信息提示框，提示是否要结束此联机演示文稿，单击【结束联机演示文稿】按钮。

10.3.4 激光笔

在幻灯片放映视图中，可以将鼠标指针变为激光笔样式，以将观看者的注意力吸引到幻灯片上的某个重点内容或特别要强调的内容位置。

将演示文稿切换至幻灯片放映视图状态下，按Ctrl键的同时，单击鼠标左键，此时鼠标指针变成激光笔样式，移动鼠标指针，将其指向观众需要注意的内容上。

实战技巧

激光笔默认颜色为红色，用户可以更改其颜色。打开【设置放映方式】对话框，在【激光笔颜色】下拉列表框中选择颜色即可。

10.3.5 黑屏或白屏

在幻灯片放映的过程中，有时为了隐藏幻灯片内容，可以将幻灯片进行黑屏或白屏显示。具体方法为，全屏放映下，在右键菜单中选择【屏幕】|【黑屏】命令或【屏幕】|【白屏】命令即可。

知识点滴

除了选择右键菜单命令外，还可以直接使用快捷键。按下B键，将出现黑屏，按下W键将出现白屏。

10.3.6 添加标记

若想在放映幻灯片时为重要位置添加标记以突出强调重要内容，可以利用PowerPoint 2013提供的笔或荧光笔来实现。其中，笔主要用来圈点幻灯片中的重点内容，有时还可以进行简单的写字操作；荧光笔主要用来突出显示重点内容，并且呈透明状。下面就对其进行讲解。

1. 使用笔的方法

使用笔之前首先应该启用它。在放映幻灯片上单击鼠标右键，然后在弹出的快捷菜单中选择【指针选项】|【笔】命令，在幻灯片中将显示一个小红点，按住鼠标左键不放并拖动鼠标即可为幻灯中的重点内容添加标记。

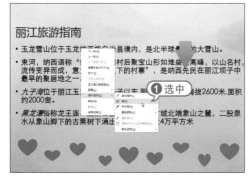

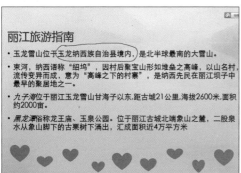

2. 使用荧光笔的方法

荧光笔的使用方法与笔相似，也是在放映幻灯片上单击鼠标右键，在弹出的快捷菜单中选择【指针选项】|【荧光笔】命令，幻灯片中将显示一个黄色的小方块，按住鼠标左键不放并拖动鼠标即可为幻灯片中的重点内容添加标记。

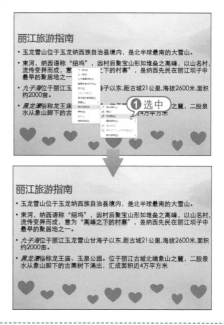

【例10-4】放映"光盘策划提案"演示文稿，使用绘图笔标注重点。

(视频+素材)(光盘素材\第10章\例10-4)

步骤 01 启动PowerPoint 2013应用程序，打开"光盘策划提案"演示文稿，打开【幻灯片放映】选项卡，在【开始放映幻灯片】组中单击【从头开始】按钮，放映演示文稿。

步骤 02 当放映到第2张幻灯片时，单击

按钮，或者在屏幕中右击，在弹出的快捷菜单中选择【荧光笔】选项，将绘图笔设置为荧光笔样式。

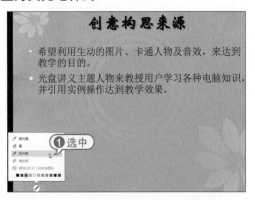

步骤 03 在放映视图中右击，从弹出的快捷菜单中选择【指针选项】|【墨迹颜色】命令，然后从弹出的颜色面板中选择【红色】色块。

步骤 04 此时，鼠标指针变为一个小矩形形状■，在需要绘制的地方拖动鼠标绘制标记。

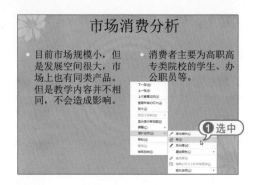

步骤 05 当放映到第3张幻灯片时，右击空白处，从弹出的快捷菜单中选择【指针选项】|【笔】命令。

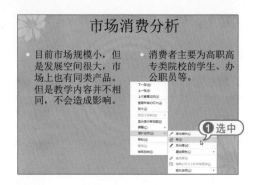

步骤 06 在放映视图中右击，从弹出的快捷菜单中选择【指针选项】|【墨迹颜色】命令，然后从弹出的颜色面板中选择【蓝色】色块。

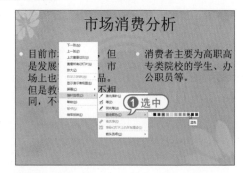

步骤 07 此时，拖动鼠标在放映界面中在文字下方绘制墨迹。

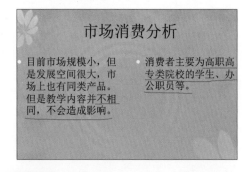

步骤 08 使用同样的方法，在其他幻灯片中绘制墨迹。

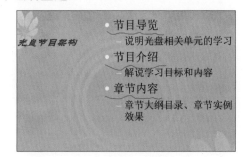

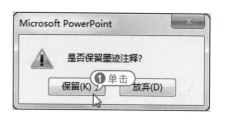

知识点滴

当用户在绘制注释标记的过程中出现错误时，可以在右键菜单中选择【指针选项】|【橡皮擦】命令，单击墨迹将其擦除；也可以选择【擦除幻灯片上的所有墨迹】命令，将所有墨迹擦除。

步骤 09 使用同样的方法，在其他幻灯片中绘制墨迹。

步骤 10 当幻灯片播放完毕后，单击鼠标左键退出放映状态时，系统将弹出对话框询问用户是否保留在放映时所做的墨迹注释。

步骤 11 单击【保留】按钮，将绘制的注释图形保留在幻灯片中。

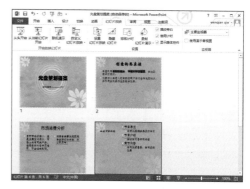

步骤 12 在快速访问工具栏中单击【保存】按钮，保存"光盘策划提案"演示文稿。

10.4 打包演示文稿

通过打包演示文稿，可以创建演示文稿的CD或是打包文件夹，然后在另一台计算机上进行幻灯片放映。

10.4.1 将演示文稿打包成CD

将演示文稿打包成CD要求电脑中必须有刻录光驱。单击演示文稿中的【文件】按钮，在弹出的界面中选择【导出】选项，在右侧的界面中选择【将演示文稿打包成CD】选项，打开【打包成CD】对话框，在其中单击【复制到CD】按钮，即可将演示文稿压缩到CD。

【例10-5】将创建完成的演示文稿打包为CD。

（视频+素材）(光盘素材\第10章\例10-5)

步骤 01 启动PowerPoint 2013应用程序，打开"销售业绩报告"演示文稿，单击【文件】按钮，在弹出的界面中选择【导出】命令。

步骤 02 在右侧中间窗格的【导出】选项区域中选择【将演示文稿打包成CD】选项，并在右侧的窗格中单击【打包成CD】按钮。

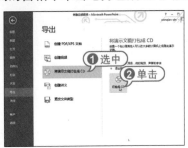

步骤 03 打开【打包成CD】对话框，在【将CD命名为】文本框中输入"销售业绩报告CD"，单击【添加】按钮，打开【添加文件】对话框。

步骤 04 在打开的【文件添加】对话框中，选择"梵高作品展"文件，单击【添加】按钮。

步骤 05 返回至【打包成CD】对话框，可以看到新添加的幻灯片，单击【选项】按钮。

实战技巧

在【打包成CD】对话框中的【要复制的文件】列表框中显示了要复制到CD的文件。如果要删除文件，则选择文件，单击【删除】按钮即可。

步骤 06 打开【选项】对话框，选择包含的文件，在密码文本框中输入相关的密码(这里设置打开密码为123，修改密码为456)，单击【确定】按钮。

步骤 07 打开【确认密码】对话框中输入打开演示文稿的密码，单击【确定】按钮。

步骤 08 返回【打包成CD】对话框，单击【复制到文件夹】按钮。

实战技巧

如果用户的电脑有刻录机，可以在【打包成CD】对话框中单击【复制到CD】按钮，PowerPoint将检查刻录机中的空白CD，在插入正确的空白刻录盘后，即可将打包的文件刻录到光盘中。

步骤 09 打开【复制到文件夹】对话框，在【位置】文本框右侧单击【浏览】按钮。

步骤 10 打开【选择位置】对话框，在其中设置文件的保存路径，单击【选择】按钮。

步骤 11 返回至【复制文件夹】对话框，在【位置】文本框中查看文件的保存路径，单击【确定】按钮。

步骤 12 打开Microsoft PowerPoint提示框，单击【是】按钮。

步骤 13 此时，系统将开始自动复制文件到文件夹。

步骤 14 打包完毕后，将自动打开保存的文件夹【销售业绩报告CD】，将显示打包后的所有文件。

步骤 15 返回至打开的"销售业绩报告"演示文稿，在其中单击【打包成CD】对话框的【关闭】按钮，关闭该对话框。

10.4.2 在其他电脑中解包

如果计算机上没有安装PowerPoint 2013软件，用户仍然需要查看幻灯片。这时就需要对打包的文件夹进行解包，可以打开幻灯片文档，并播放幻灯片。

双击【PresentationPackage】文件夹中的【PresentationPackage.html】网页文件，可以查看打包后光盘自动播放的网页效果。

10.5 发布演示文稿

发布演示文稿是指将PowerPoint 2013演示文稿存储到幻灯片库中，以达到共享和调用各个演示文稿的目的。

演示文稿发布到幻灯片库之后，具有该幻灯片库访问权限的任何人均可访问该演示文稿，下面我们通过实例具体说明发布演示文稿片的方法。

【例10-6】发布"幼儿数学教学"演示文稿。

视频+素材(光盘素材\第10章\例10-6)

步骤 01 启动PowerPoint 2013应用程序，打开"幼儿数学教学"演示文稿，单击【文件】按钮，在弹出的界面中选择【共享】选项，在右侧的【共享】界面中选择【发布幻灯片】选项，单击【发布幻灯片】按钮。

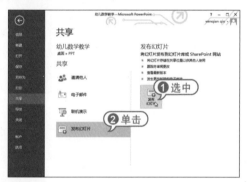

步骤 02 打开【发布幻灯片】对话框，在中间的列表框中选中需要发布到幻灯片库中的幻灯片缩略图前的复选框，然后单击【发布到】下拉列表框右侧的【浏览】按钮。

步骤 03 打开【选择幻灯片库】对话框，选择发布的位置，单击【选项】按钮。

步骤 04 返回至【发布幻灯片】对话框，在【发布到】下拉列表框中显示发布到的位置，单击【发布】按钮。

步骤 05 此时，即可在发布到的幻灯片库位置中查看发布后的幻灯片。

知识点滴

在【发布幻灯片】对话框中的【发布到】下拉列表框中可以直接输入要将幻灯片发布到的幻灯片库的位置。

10.6 打印演示文稿

在PowerPoint 2013中，制作完成的演示文稿不仅可以进行现场演示，还可以将其通过打印机打印出来，分发给观众作为演讲提示。在打印时，根据不同的目录将演示文稿打印为不同的形式，常用的打印文稿形式有幻灯片、讲义、备注和大纲视图。

10.6.1 设置幻灯片页面

在打印演示文稿前，可以根据需要对打印页面进行设置，使打印的形式和效果更符合实际需要。

打开【设计】选项卡，在【自定义】选项组中单击【幻灯片大小】下拉按钮，在弹出的下拉列表中选择【自定义幻灯片大小】选项，在打开的【幻灯片大小】对话框中对幻灯片的大小、编号和方向进行设置。

对话框中部分选项的含义如下。

◐ 【幻灯片大小】下拉列表框：该下拉列表框用来设置幻灯片的大小。

◐ 【宽度】和【高度】文本框：用来设置打印区域的尺寸，单位为厘米。

◐ 【幻灯片编号起始值】文本框：用来设置当前打印的幻灯片的起始编号。

◐ 【方向】选项区域：可以分别设置幻灯片与备注、讲义和大纲的打印方向，在此处设置的打印方向对整个演示文稿中的所有幻灯片及备注、讲义和大纲均有效。

【例10-7】在"厦门一日游"演示文稿中，设置幻灯片大小和方向。

（视频+素材）(光盘素材\第10章\例10-7)

步骤 01 启动PowerPoint 2013应用程序，打开"厦门一日游"演示文稿。打开【设计】选项卡，在【自定义】组中单击【幻灯片大小】下拉按钮，在弹出的下拉列表中选择【自定义幻灯片大小】选项，打开【幻灯片按钮】对话框。

步骤 02 在【幻灯片大小】下拉列表中选择【自定义】选项，然后在【宽度】微调框中输入26，在【高度】微调框中输入16；在【方向】选项区域中选中【备注、讲义和大纲】的【横向】单选按钮，单击【确定】按钮即可完成设置。

步骤 03 此时，系统会弹出提示对话框，供用户选择时要最大化内容大小还是按比例缩小以确保适应新幻灯片，单击【确保适合】按钮。

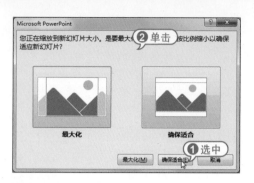

步骤04 打开【视图】选项卡，在【演示文稿视图】组中单击【幻灯片浏览】按钮，即可查看设置页面属性后的幻灯片缩略图效果。

步骤05 在【演示文稿视图】组中单击【备注页】按钮，切换至备注页视图，查看设置方向后的幻灯片。

步骤06 在快速访问工具栏中单击【保存】按钮，保存该演示文稿。

10.6.2 打印预览演示文稿

在实际打印之前，用户在设置好打印的参数后，可以使用打印预览功能先预览一下打印的效果。

【例10-8】打印预览"厦门一日游"演示文稿中。 视频

步骤01 启动PowerPoint 2013应用程序，打开【例10-7】设置后的"厦门一日游"演示文稿。单击【文件】按钮，从弹出的菜单中选择【打印】命令，打开Microsoft Office Backstage 视图。

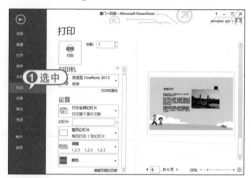

步骤02 在最右侧的窗格中可以查看幻灯片的打印效果，单击预览页中的【下一页】按钮▶，查看下一张幻灯片效果。

步骤03 在【显示比例】进度条中拖动滑块，将幻灯片的显示比例设置为60%，查看其中的文本内容。

步骤 04 单击【下一页】按钮▶，逐一查看每张幻灯片中的具体内容。

步骤 05 打印预览完毕后，单击【返回】按钮◀，返回到幻灯片普通视图。

实战技巧

预览的效果与实际打印出来的效果非常相近。

10.6.3 打印幻灯片

如果用户满意当前的打印设置及预览效果，可以打印演示文稿。单击【文件】按钮，从弹出的界面中选择【打印】命令，打开Microsoft Office Backstage视图，在中间的【打印】窗格中进行相关设置。

其中，各选项的主要作用如下。

⊙ 【打印机】下拉列表框：自动调用系统默认的打印机，当用户的计算机上装有多个打印机时，可以根据需要选择打印机或设置打印机的属性。

⊙ 【打印全部幻灯片】下拉列表框：用来设置打印范围，系统默认打印当前演示文稿中的所有内容，用户可以选择打印当前幻灯片或在其下的【幻灯片】文本框

中输入需要打印的幻灯片编号。

⊙ 【整页幻灯片】下拉列表框：用来设置打印的版式、边框和大小等参数。

⊙ 【调整】下拉列表框：用来设置打印排列顺序。

⊙ 【颜色】下拉列表框：用来设置幻灯片打印时的颜色。

⊙ 【份数】微调框：用来设置打印的份数。

【例10-9】打印10份"厦门一日游"演示文稿中，并在其中一张纸张中打印整个"厦门一日游"演示文稿。**视频**

步骤 01 启动PowerPoint 2013应用程序，打开【例10-7】设置后的"厦门一日游"演示文稿。单击【文件】按钮，从弹出的界面中选择【打印】命令，打开Microsoft Office Backstage 视图。

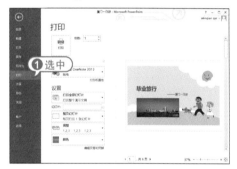

步骤 02 在中间的【份数】微调框中输入10；单击【整页幻灯片】下拉按钮，在弹出的下拉列表框选择【6张水平放置的幻灯片】选项；在【颜色】下拉列表框中选择【颜色】选项。

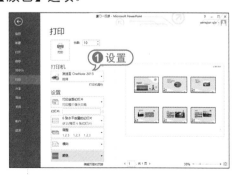

步骤 03 在中间窗格的【打印机】下拉列表中选择正确的打印机。

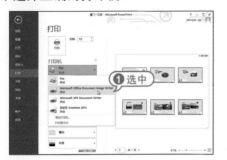

步骤 04 设置完毕后，单击左上角的【打印】按钮，即可开始打印幻灯片。

> **知识点滴**
>
> 除此之外，为了使打印效率更高，用户还可以选择【添加打印机】命令，为本地计算机添加一台新的打印机，再进行打印操作。

10.7　实战演练

本章的实战演练部分包括将"厦门一日游"演示文稿输出为图片文件和预览并打印"厦门一日游"演示文稿两个综合实例操作，用户通过练习可以巩固本章所学知识。

10.7.1　将演示文稿输出为图片

使用PowerPoint 2013提供的【更改文件类型】功能将"厦门一日游"演示文稿转换为PNG可移植网络图形格式。

【例10-10】将"厦门一日游"演示文稿输出为图片文件。

📹 视频+素材 (光盘素材\第10章\例10-10)

步骤 01 启动PowerPoint 2013应用程序，打开"厦门一日游"演示文稿。单击【文件】按钮，从弹出的界面中选择【导出】命令，在中间窗格的【导出】选项区域中选择【更改文件类型】选项。

步骤 02 在右侧【更改文件类型】窗格的【图片文件类型】选项区域中选择【PNG可移植网络图形格式】选项，单击【另存为】按钮。

步骤 03 打开【另存为】对话框，设置存放路径，单击【保存】按钮。

步骤 04 此时，系统会弹出提示对话框，供用户选择输出为图片文件的幻灯片范围。单击【所有幻灯片】按钮，开始输出图片，并在窗口任务栏中显示进度。

步骤 05 完成输出后，自动弹出提示框，提示用户每张幻灯片都以独立的方式保存到文件夹中，单击【确定】按钮即可。

步骤 06 双击打开保存的文件夹，此时6张幻灯片以PNG图像格式显示在文件夹中。

步骤 07 双击某张图片，打开并查看该图片。

10.7.2 预览并打印演示文稿

本练习将使用PowerPoint 2013的【打印】功能预览并打印"厦门一日游"演示文稿。

【例10-11】预览并打印"厦门一日游"演示文稿。
(视频+素材)(光盘素材\第10章\例10-10)

步骤 01 启动PowerPoint 2013应用程序，打开"厦门一日游"演示文稿。单击【文件】按钮，从弹出的菜单中选择【打印】命令，打开Microsoft Office Backstage视图。

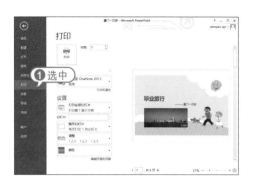

步骤 02 在最右侧的窗格中可以查看幻灯片的打印效果，逐步单击预览页中的【下一页】按钮▶，逐张查看幻灯片效果。

实战技巧

单击【上一页】按钮◀，可以返回至上一张幻灯片中，查看其内容。

步骤 03 在中间窗格的【打印机】下拉列表中选择正确的打印机；单击【整页幻灯片】下拉按钮，在弹出的下拉列表框中选择【3张幻灯片】选项；在【横向】下拉列表中选择【纵向】选项；在【颜色】下拉列表框中选择【灰度】选项。

步骤 04 单击左上角的【打印】按钮，即可开始打印演示文稿。

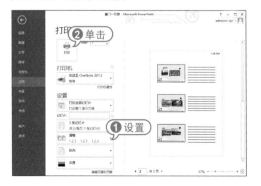

专家答疑

>> 问：如何将演示文稿转换为Open Document演示文稿(.odp)格式？

答：在打开的演示文稿中单击【文件】按钮，从弹出的界面中选择【导出】命令，在中间窗格的【导出】选项区域中选择【更改文件类型】选项，然后在右侧的【演示文稿文件类型】选项区域中选择【Open Document演示文稿】选项，单击【另存为】按钮，打开【另存为】对话框，在其中设置保存路径和文件名称，单击【保存】按钮，即可将演示文稿以 Open Document 演示文稿 (.odp) 格式保存。

在PowerPoint 2013 中以 Open Document 演示文稿(.odp)格式保存一个文件，然后在PowerPoint 2013中重新打开该文件，会发现PowerPoint 2013版本和 Open Document 版本之间存在一些格式差异。同样，如果在 PowerPoint 2013中打开 Open Document 文件，也可能会看到一些格式差异。这是因为这两种文件格式支持的功能不同。

读书笔记

第11章

PPT综合实例应用

在学习了前面章节所介绍的PowerPoint 2013的相关知识后，本章将通过多个应用案例来串联各知识点，帮助用户加深与巩固所学知识。

11.1　制作电子相册

本节使用PowerPoint 2013自带模板制作"我的相册"演示文稿，设置动画效果，制作电子相册。

【例11-1】制作"我的相册"演示文稿。

(视频+素材) (光盘素材\第11章\例11-1)

步骤 01 启动PowerPoint 2013后，在【新建】界面中的文本框内输入"相册"，并按下Enter键。

步骤 02 在打开的搜索结果界面中双击一个演示文稿模板。

步骤 03 在打开的对话框中单击【创建】按钮，使用模板创建一个新演示文稿。

步骤 04 选中新建演示文稿的第一张幻灯片，并将鼠标指针插入【相册标题】文本框中。

步骤 05 切换汉字输入法，输入文字"我的相册"，然后选中输入的文字，在【开始】选项卡的【字体】组中设置文字的字体为"方正舒体"，字号为48号。

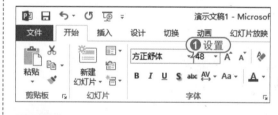

步骤 06 单击选中幻灯片中的副标题，然后输入如下图所示的文字，并在【开始】选项卡的【段落】组中单击【项目符号】按钮，为输入的文字添加项目符号。

步骤 07 选中并删除第一张幻灯片中由模板自动生成的图片。

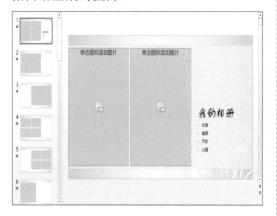

步骤 08 单击幻灯片中的【单击图标添加图片】按钮，在打开的【插入图片】对话框中选中一张图片，单击【插入】按钮。

步骤 09 将选中的图片插入幻灯片，效果如下图所示。

步骤 10 重复步骤(8)、(9)的操作，在幻灯片中插入第2张图片。

步骤 11 使用Ctrl键同时选中界面中插入的2张图片，然后选择【动画】选项卡，在【动画】组中选中动画退出的【轮子】动画效果。

步骤 12 在【动画】选项卡的【计时】组中单击【开始】下拉列表按钮，在弹出的下拉列表中选中【与上一动画同时】选项。

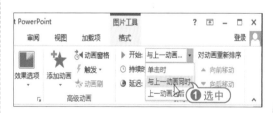

步骤 13 选择【插入】选项卡，单击该选项卡【图像】组中的【图片】按钮。

步骤14 在打开的【插入图片】对话框中选中一张图片后，单击【插入】按钮在幻灯片中插入第3张图片，并调整图片的大小和位置。

步骤15 重复步骤(13)、(14)的操作，在第1张幻灯片中插入如下图所示的图片。

步骤16 选中步骤(13)~(15)插入的图片，使用步骤(11)中的方法，在【动画】选项卡的【动画】组中为图片设置动画进入的【淡出】动画效果。

步骤17 在【动画】选项卡的【计时】组

中单击【开始】下拉列表按钮，在弹出的下拉列表中选中【上一动画之后】选项，然后在【延迟】文本框中输入参数00.25。

步骤18 单击【插入】选项卡中的【图片】按钮，在打开的【插入图片】对话框中选中一张图片后，单击【插入】按钮，将该图片插入幻灯。接下来调整幻灯片中图片的位置和大小，使其效果如下图所示。

步骤19 选中上一步骤插入的图片后，在【动画】选项卡的【动画】组中为图片设置动画进入的【轮子】效果，并在【计时】组中设置动画在上一动画之后播放，延迟为00.50。

步骤20 在预览窗格中选中第2张幻灯片，然后分别在该幻灯片中的【单击此处添加标题】和【单击此处添加文本】文本框中输入文本。

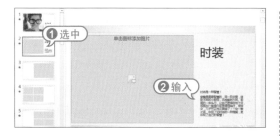

步骤 21 单击幻灯片中的【单击图标添加图片】按钮 ，在打开的【插入图片】对话框中选中一张图片，单击【插入】按钮，在幻灯片中插入如下图所示的图片。

步骤 22 在预览窗格中选中第3张幻灯片，重复上面介绍的方法，在编辑窗口中插入图片，并输入标题和内容文本。

步骤 23 在预览窗格中选中第4张幻灯片，然后分别在该幻灯片中的【单击此处添加标题】和【单击此处添加文本】文本框中输入文本，效果如下图所示。

步骤 24 分别单击幻灯片中的4个【单击

图标添加图片】按钮 ，在幻灯片中插入如下图所示的图片。

步骤 25 选中第5张幻灯片，然后在幻灯片中输入文本并插入图片，效果如下图所示。

步骤 26 选中第6张幻灯片并设置幻灯片内容，效果如下图所示。

步骤 27 使用相同的方法，添加新的幻灯片并在幻灯片中插入相应的文本和图片。

步骤 28 选中并右击第1张幻灯片中的文本"时装"，在弹出的菜单中选中【超链

接】命令。

步骤 29 在打开的【插入超链接】对话框中设置文字"时装"链接至第2张幻灯片。

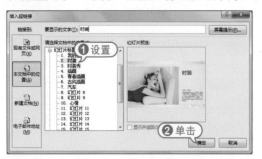

步骤 30 使用同样的方法设置第1张幻灯

片中"插画"、"汽车"、"心情"文本分别链接至第4、7、10张幻灯片，完成后效果如下图所示。

步骤 31 选择【切换】选项卡，在该选项卡的【切换到此幻灯片】组中设置幻灯片的切换方式为【悬挂】，并单击【全部应用】按钮。

步骤 32 在快速访问工具栏中单击【保存】按钮日，保存演示文稿。

11.2　制作公路隧道宣传PPT

　　本节使用PowerPoint自带的模板制作公路隧道宣传演示文稿来介绍著名的世界公路隧道，并设置页面为16：9宽屏纵横比，适合在有宽屏显示器的便携式电脑、电视和投影仪上使用。

【例11-2】制作公路隧道宣传演示文稿。

📹视频+素材 (光盘素材\第11章\例11-2)

步骤 01 启动PowerPoint 2013应用程序，单击【文件】按钮，从弹出的【文件】菜单中选择【新建】命令，在搜索框中输入"平面"，然后按Enter键。

步骤 02 在打开的搜索结果界面中单击【平面】文稿模板。

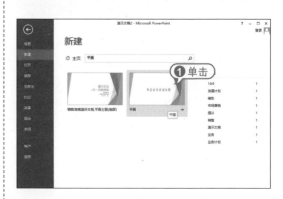

步骤 03 弹出多个样式界面供用户选择，选择蓝色的样式界面，然后单击【创建】按钮。

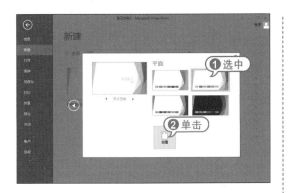

步骤 04 在快速访问工具栏内单击【保存】按钮，打开【另存为】界面，双击【计算机】按钮，打开【另存为】对话框，选择保存路径，在【文件名】文本框中输入"公路隧道宣传"，单击【保存】按钮。

步骤 05 打开【设计】选项卡，在【自定义】组中单击【幻灯片大小】按钮，在弹出的下拉菜单中选择【宽屏（16：9）】选项。此时，演示文稿将以16：9宽屏纵横比显示。

步骤 06 将【单击此处添加标题】文本占位符中输入"世界公路隧道长度排名"，设置文字字体颜色为【深蓝】；在【单击

此处添加副标题】文本占位符中输入文字，设置文字字体为【华文行楷】，字形为【加粗】，字体颜色为【黑色】。

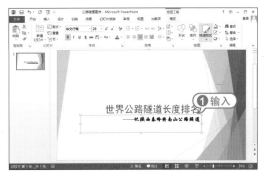

步骤 07 打开【插入】选项卡，在【图像】组中单击【图片】按钮。打开【插入图片】对话框，选择要插入的3张图片，单击【插入】按钮。

步骤 08 拖动鼠标调节图片和占位符的位置，使其更符合幻灯片页面大小。

步骤 09 同时选中3张图片，打开【图片工具】的【格式】选项卡，在【图片样式】组中单击【其他】按钮 ，从弹出的列表框中选择【简单框架，黑色】样式，

为图片应用该样式。

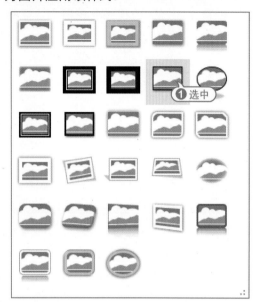

步骤 10 打开【开始】选项卡，在【幻灯片】组中单击【新建幻灯片】下拉按钮，从弹出的下拉列表中选择【比较】选项，新建一个基于该版式的幻灯片。

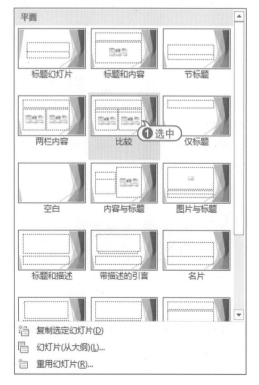

步骤 11 选中【单击此处添加标题】占位符，按Delete键将其删除。

步骤 12 将文本占位符移动到幻灯片上方，在其中输入文字，设置"双洞"和"单洞"字形为【加粗】、【倾斜】，设置"NO.1～3"字体颜色为【红色】。

步骤 13 在【单击此处添加文本】占位符中输入文字，设置字体为【华文仿宋】，字号为20。

步骤 14 打开【插入】选项卡，在【图像】组中单击【联机图片】按钮，打开【插入图片】对话框。在【Office.com剪贴画】文本框中输入"工程"，单击Enter键，搜索剪贴画，在搜索结果列表框中选择要插入的剪贴画，单击【插入】按钮。

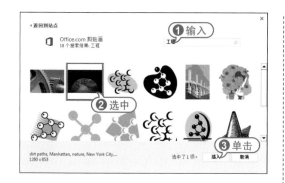

步骤 15 将剪贴画插入到幻灯片中并调整其大小和位置。

步骤 16 在【插入】选项卡的【文本】组中单击【文本框】下拉按钮,从弹出的下拉菜单中选择【横排文本框】命令,在幻灯片中绘制一个横排文本框。

步骤 17 输入文本,设置其字体为【华文琥珀】,字号为20,字体颜色为【深蓝】。

步骤 18 选中文本框,打开【绘图工具】的【格式】选项卡,在【形状样式】组中单击【其他】按钮,从弹出的列表框中选择一种样式,为文本框填充形状效果。

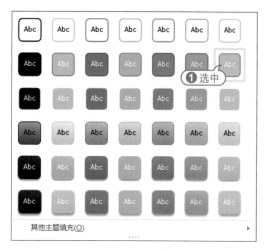

步骤 19 打开【开始】选项卡,在【幻灯片】组中单击【新建幻灯片】下拉按钮,从弹出的下拉列表中选择【【标题和内容】选项,新建一个基于该版式的幻灯片。

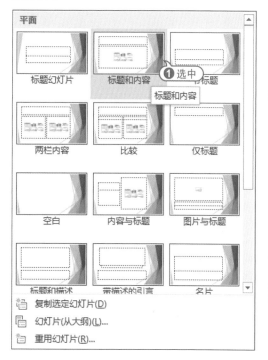

步骤 20 在幻灯片的两个文本占位符中输入文字。设置标题文字字体为【华文行楷】，字型为【阴影】，字号为54，字体颜色为【金色】；设置正文文字字体为【楷体】。拖动鼠标调节文本占位符的大小。

步骤 21 参照步骤14~15，在幻灯片中插入一张蝴蝶的剪贴画图片，并调节其大小和位置。

步骤 22 在左侧的幻灯片预览窗格中选中第3张幻灯片缩略图，按Enter键新建一张幻灯片。

步骤 23 在新幻灯片中输入标题文字，设置文字字体为【华文行楷】，字体颜色为【浅青绿，背景2，深色75%】，字形为【加粗】、【阴影】。

步骤 24 调节【单击此处添加文本】文本占位符大小，在其中输入文本，设置"隧道中的人性化理念："字体颜色为【蓝色】，字形为【加粗】、【阴影】，然后继续输入文本内容。

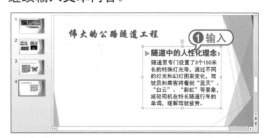

步骤 25 参照步骤16-18，在幻灯片中输入一个横排文本框，输入文本，并设置文本框的形状样式。

步骤 26 选中文本框的后3行文字，在【开始】选项卡的【段落】组中单击【项目符号】按钮右侧的箭头，在弹出的菜单中选择【项目符号和编号】命令。

步骤 27 打开【项目符号和编号】对话框，在中间的列表框中选择一种打勾符号，单击【颜色】下拉按钮，从弹出颜色面板中选择一种橙色，单击【确定】按钮。

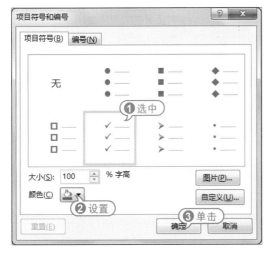

步骤 28 此时，即可在文本框中显示添加的橙色打勾项目符号。

步骤 29 在【开始】选项卡的【幻灯片】

选项组中单击【新建幻灯片】下拉按钮，从弹出的幻灯片样式列表中选择【内容和标题】选项，新建一张幻灯片。

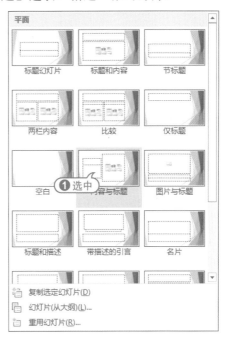

步骤 30 选中幻灯片中所有占位符，按Delete键将其删除。

步骤 31 打开【设计】选项卡，单击【自定义】选项组的【设置背景格式】按钮。

步骤 32 打开【设置背景格式】窗格，选择【填充】|【图片或纹理填充】单选按钮，然后单击【文件…】按钮。

步骤 33 打开【插入图片】对话框，选择一张背景图片，单击【插入】按钮。

步骤 34 此时，即可返回至演示文稿中，显示幻灯片的背景。

步骤 35 打开【插入】选项卡，在【文本】选项组中单击【艺术字】按钮，从弹出的艺术字列表框中选择一种样式，将其插入到幻灯片中。

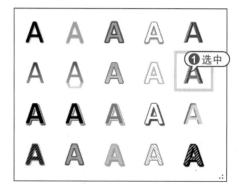

步骤 36 在艺术字文本框中输入文本内容，并将艺术字拖动到合适的位置。

步骤 37 在幻灯片预览窗格中选择第3张幻灯片缩略图，使其显示在幻灯片编辑窗口中。

步骤 38 选中幻灯片中的蝴蝶剪贴画，打开【动画】选项卡，在【高级动画】组中单击【添加动画】下拉按钮，在弹出的下拉菜单中选择【其他动作路径】命令。

步骤 39 打开【添加动作路径】对话框，在【特殊】选项区域中选择【三角结】选项，单击【确定】按钮。

按钮，从弹出的【进入】选项区域中选择【旋转】选项。

步骤 40 此时，即可为图形对象添加【三角结】动作路径动画。

步骤 41 在幻灯片预览窗格中选择第5张幻灯片缩略图，将其显示在幻灯片编辑窗口中。

步骤 42 选中艺术字，打开【动画】选项卡，在【动画】选项组中单击【其他】

步骤 43 此时，即可为艺术字对象添加【旋转】进入动画效果。

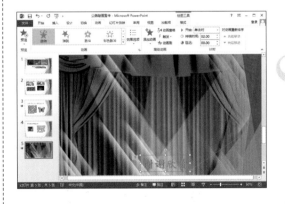

步骤 44 在幻灯片预览窗格中选择第1张幻灯片缩略图，将其显示在幻灯片编辑窗格中。打开【切换】选项卡，在【切换到此幻灯片】组中单击【其他】按钮，在弹出的列表框中选择【揭开】选项，幻灯片自动预览该切换动画。

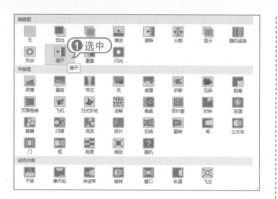

步骤 45 在【计时】组中的【声音】下拉列表中选择【推动】选项，单击【全部应用】按钮，将该幻灯片切换效果应用到其他4张幻灯片中。

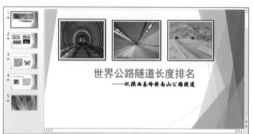

步骤 46 按F5键从头开始播放幻灯片，播放过程中单击，可切换幻灯片。

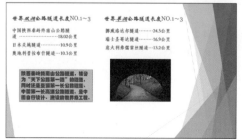

步骤 47 在播放第3张幻灯片时，单击蝴蝶图案，会发生动画轨迹效果。

步骤 48 在播放第5张幻灯片时，单击背景，会发生艺术字旋转效果。

步骤 49 播放完毕后，单击，退出幻灯片的放映模式。

步骤 50 在快速访问工具栏中单击【保存】按钮，保存该演示文稿。

11.3 制作员工培训PPT

本节使用PowerPoint 2013自带模板制作员工培训演示文稿，通过PPT可以确定培训的直观要求，使员工快速胜任工作，从而提高工作效率。

【例11-3】使用PowerPoint 2013制作员工培训演示文稿。

📀 (视频+素材)(光盘素材\第10章\例10-3)

步骤 01 启动PowerPoint 2013应用程序，新建一个演示文稿，将其以"员工培训"为名保存。

步骤 02 打开【设计】选项卡，在【主题】选项组中单击【其他】按钮，从弹出的列表框中选择【丝状】样式。

步骤 03 此时，第1张幻灯片应用了该样式。

步骤 04 单击【变体】选项组中的【其他】按钮，选择【颜色】|【黄绿色】选项，应用该颜色样式。

步骤 05 在打开幻灯片的两个文本占位符中输入文字，设置标题文字字体为"华文新魏"，字号为80，字体颜色为【蓝色】，副标题字体为"华文楷体"，字号为40，字体颜色为【蓝色】。

步骤 06 在【开始】选项卡的【幻灯片】选项组中单击【新建幻灯片】按钮，添加一张新空白幻灯片。

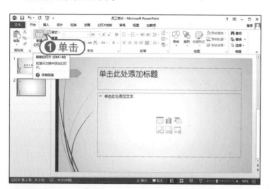

步骤 07 打开【视图】选项卡，在【母版版式】选项组中单击【幻灯片母版】按钮，显示幻灯片母版视图。

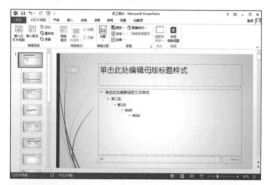

步骤 08 选中第2张幻灯片母版，左侧选中菱形图片，放大图片的尺寸。然后在【关闭】选项组中单击【关闭母版视图】按钮，返回普通视图模式。

步骤 09 打开【设计】选项卡，单击【自定义】选项组的【设置背景格式】按钮，打开【设置背景格式】窗格，在【颜色】

栏中设置背景颜色，然后单击【全部应用】按钮。

步骤 10 此时，所有的幻灯片都应用该背景颜色，效果如下图所示。

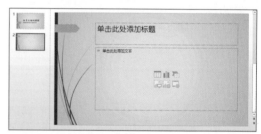

步骤 11 在该幻灯片的文本占位符中输入文字。设置标题文字字号为60，字型为【加粗】和【阴影】；设置文本字号为32。

步骤 12 使用同样的方法，添加一张空白幻灯片，在文本占位符中输入文字，设置标题文字字号为60，字型为【加粗】和【阴影】；设置文本字号为32。

步骤 13 在【开始】选项卡的【幻灯片】选项组中单击【新建幻灯片】下拉按钮，从弹出的幻灯片样式列表中选择【仅标题】选项，新建一张仅有标题的幻灯片。

步骤 14 在标题文本占位符中输入文本，设置其字号为60，字型为【加粗】和【阴影】。

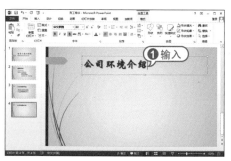

步骤 15 打开【插入】选项卡，在【插图】选项组中单击【SmartArt】按钮，打开【选择SmartArt图形】对话框。选择其中的【流程】选项卡，选择【交错流程】样式，单击【确定】按钮。

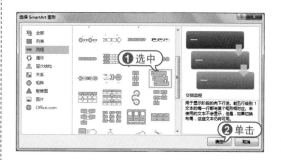

步骤 16 将SmartArt图形插入到幻灯片中并调整其大小和位置。

步骤 17 单击SmartArt图形中的形状，在其中输入文本。设置其文本格式为华文楷体，字号为40。

步骤 18 在【开始】选项卡的【幻灯片】选项组中单击【新建幻灯片】下拉按钮，从弹出的幻灯片样式列表中选择【空白】选项，新建一张空白幻灯片。

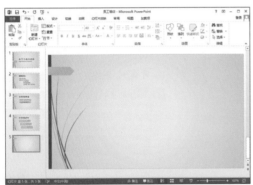

步骤 19 打开【设计】选项卡，在【自定义】组中单击【设置背景格式】按钮，打开【设置背景格式】窗格，选择【填充】|【图片或纹理填充】单选按钮，然后单击【文件】按钮。

步骤 20 打开【插入图片】对话框，选择一张背景图片，单击【插入】按钮。

步骤 21 此时，即可显示幻灯片背景图片，效果如下图所示。

步骤 22 在【设置背景格式】窗格中，选择【艺术效果】选项，单击下拉按钮，选择【画图笔划】选项。

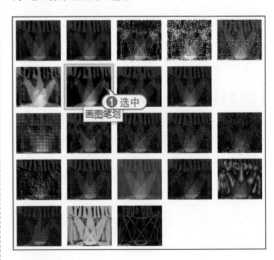

步骤 23 此时即可显示设置艺术效果的幻灯片背景图片。

步骤 24 打开【插入】选项卡,在【文本】选项组中单击【艺术字】按钮,从弹出的艺术字列表框中选择一种样式。

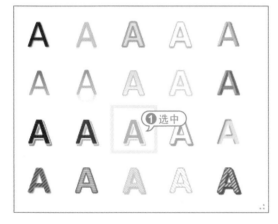

步骤 25 将艺术字文本框插入到幻灯片中,输入文本内容,并将艺术字拖动到合适的位置。

步骤 26 右击艺术字,在弹出的快捷菜单中选择【设置形状格式】命令,打开【设置形状格式】窗格。

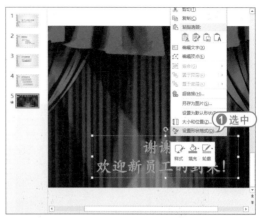

步骤 27 打开【设置形状格式】窗格,选择【文本选项】选项,在【文本填充】选项栏中选择【渐变填充】单选按钮,在【渐变光圈】中拖动滑块,然后在下面的【颜色】下拉列表中设置光圈颜色。

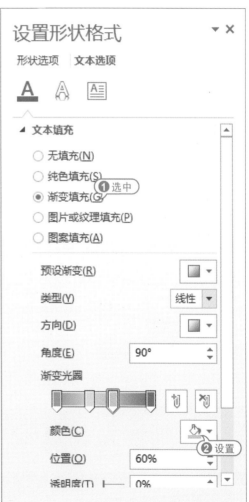

步骤 28 此时，艺术字经设置后效果如下图所示。

步骤 29 在幻灯片预览窗口中选择第3张幻灯片缩略图，将其显示在幻灯片编辑窗口中。

步骤 30 打开【插入】选项卡，在【图像】选项组中单击【图片】按钮，打开【插入图片】对话框，选择一张GIF图片，单击【插入】按钮。

步骤 31 将该图片插入到幻灯片中并设置其大小和位置。

知识点滴

虽然没有将插入的GIF图片归类为影片，但在放映幻灯片时，同样可以放映GIF动画效果。

步骤 32 打开【切换】选项卡，在【切换到此幻灯片】选项组中单击【其他】按钮，从弹出的切换效果列表框中选择【揭开】选项。

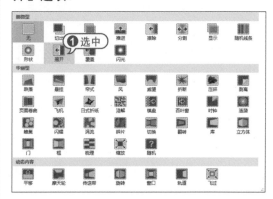

步骤 33 在【计时】选项组中单击【声音】下拉按钮，从弹出的菜单中选择【风声】选项。

步骤 34 在【计时】选项组的【换片方式】选项区域中选中两个复选框，并设置幻灯片时间为2分钟，单击【全部应用】按钮。将设置的切换效果和换片方式应用整个演示文稿中。

实战技巧

放映演示文稿时，在不单击鼠标或不做任何操作的情况下，2分钟后将自动切换幻灯片。

步骤 35 在幻灯片预览窗口中选择第5张幻灯片缩略图，将其显示在幻灯片编辑窗口中。

步骤 36 选中艺术字，打开【动画】选项卡，在【高级动画】选项组中单击【添加动画】按钮，从弹出的菜单中选择【更多进入效果】选项。

步骤 37 打开【添加进入效果】对话框，

在【华丽型】选项区域选中【飞旋】选项，单击【确定】按钮。

步骤 38 此时，即可为艺术字对象设置飞旋动画效果。

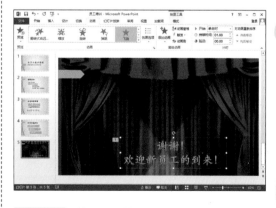

步骤 39 使用同样的方法，在第1张幻灯片中，为标题文本框设置【轮子】式进入动画效果。

步骤 40 在第1张幻灯片中，为副标题文本框设置【补色】式强调动画效果。

步骤 42 播放完毕后，单击，退出幻灯片的放映模式。

步骤 41 演示文稿制作完毕后，按F5键开始播放该演示文稿。每放映一张幻灯片可以单击鼠标切换幻灯片，也可以等2分钟后自动换片。

读书笔记